网页制作

主　编　刘　颖

副主编　张述平

参　编　李　华　　杨晓茜　　艾　爽

　　　　苏红丽　　王丽菊　　吴巧玲

清华大学出版社

北　京

内 容 简 介

本书强调理论与实践相结合，以一名新员工成长为网页前端开发人员为主线，通过"任务"和"子任务"着重培养学生的实际操作技能，突出对学生基本技能、实际操作技能的培养。全书由三个项目、三十个任务以及一个考核项目组成，详细介绍网页基本知识、网站制作流程等内容。

本书内容丰富，结构清晰，语言简练，图文并茂，非常适合零基础的学生学习。在编写模式上，本书充分考虑教学需求，采用"相关知识""学习任务""考核任务"等编写手法，既便于教师课堂讲授演示，又便于学生上机操作学习。本书适于高职学生、各类高等院校本专科学生、成人继续教育学生以及对网页制作感兴趣的读者使用。

图书在版编目(CIP)数据

网页制作 / 刘颖 主编. —北京：清华大学出版社，2017
ISBN 978-7-302-48449-3

Ⅰ. ①网… Ⅱ. ①刘… Ⅲ. ①网页制作工具　Ⅳ. ①TP393.092

中国版本图书馆 CIP 数据核字(2017)第 225961 号

责任编辑：王　军　韩宏志
装帧设计：常雪影
责任校对：牛艳敏
责任印制：刘海龙

出版发行：清华大学出版社
　　　　网　　　址：http://www.tup.com.cn，http://www.wqbook.com
　　　　地　　　址：北京清华大学学研大厦 A 座　　　邮　　编：100084
　　　　社 总 机：010-62770175　　　　　　　　　邮　　购：010-62786544
　　　　投稿与读者服务：010-62776969，c-service@tup.tsinghua.edu.cn
　　　　质 量 反 馈：010-62772015，zhiliang@tup.tsinghua.edu.cn
印 装 者：三河市吉祥印务有限公司
经　　销：全国新华书店
开　　本：185mm×260mm　　　　印　　张：9.75　　　字　　数：225 千字
版　　次：2017 年 9 月第 1 版　　　印　　次：2017 年 9 月第 1 次印刷
印　　数：1~2800
定　　价：28.00 元

产品编号：076115-01

前　言

　　随着市场对网页制作人才需求的增加，许多高等院校都开设了"网页制作"的相关课程。该课程是一门操作性和实践性很强的课程，要求学生熟练掌握网页制作技术HTML和CSS的同时，还要具备一定的解决具体问题的能力。目前，许多学生虽然已经学习了网页制作课程，也知道书中讲了哪些知识点，但就是不会应用，缺乏独立制作网站的能力。

　　为满足企业对网站建设人才的需求，本书以工作过程为主线，以项目化教学方式编排。从入职到项目制作，到正式成为一名网页前端工作人员为主线；以岗位需求为导向，整合网站建设的相关知识和技能；在内容上力求体现"以职业活动为导向，以职业技能为核心"的指导思想，采用任务驱动的方式介绍课程内容。先提出项目，再把项目分解成多个任务，每个子任务驱动知识的组织与学习，使其更符合学生的学习规律。为达到学以致用，每个项目包括学习任务和考核任务，既提高了学生的知识运用能力和实践能力，又能激发学生的学习兴趣。

　　本书包括"三个项目、三十个任务、一个考核项目"。每个项目后配有项目总结和知识拓展，每个任务后配有拓展训练，可安排在课下由学生独立完成。本书用项目引领学习内容，强调理论与实践相结合，突出对学生基本技能、实际操作技能的培养。

　　项目1：应聘入职。 该项目包含两个子任务，主要介绍网页基本知识、网站制作流程等。

　　项目2："蓝德科技"网站的完善。 该项目包含五个子任务，主要介绍HTML和CSS的基本知识。

　　项目3："爱上路旅游公司"网站制作。 该项目包含六个子项目，共二十三个子任务。主要介绍HTML、CSS的综合应用以及JavaScript的基础知识。

　　一个考核项目。 以小组为单位，共十二个学时，完成一个电子商务网站。该网站主营项目可以是蛋糕、鲜花、服装等，可自行选定，让学生独立完成，培养学生综合运用知识的实践能力。

　　本书内容深入浅出、通俗易懂，特别适合高职学生以及各类高等院校本专科学生使用，也可供成人继续教育以及对网页制作有兴趣的读者使用。

学时分配表

序号	内容	学时	备注
1	项目一 应聘入职	4	建议机房授课
2	项目二 "蓝德科技"网站的完善	10	
3	项目三 "爱上路旅游公司"网站制作	46	
4	项目四 考核项目	12	
合计		72	

本书具有以下几个特色：

(1) 本书的"相关知识"部分介绍理论知识，内容简明扼要，以应用为目的，以必需、够用为度。

(2) 本书的"学习任务"部分采用演示任务和教师指导学生练习的形式，"考核任务"部分即为学生独立完成的形式，具有较好的操作性，学生只要认真上机操作，就能快速掌握网页制作相关的实用技能。

(3) 书中附有大量插图，用来辅助讲解，使学生在学习时，可以直观了解操作的实际过程和结果，更有利于对照学习。

(4) 本书在编写过程中充分考虑高职层次学生的接受能力，尽量使内容深入浅出，条理分明，突出高职教育的特色。

本书由刘颖、张述平、李华、杨晓茜、艾爽、苏红丽、王丽菊、吴巧玲编写，由刘颖统稿。

本书在编写过程中，借鉴了大量出版物和网上资料，在此谨对相关专家、学者表示感谢。本书的编写得到了沈阳蓝德科技有限公司的大力支持与技术帮助，同时清华大学出版社的编辑为此书出版付出了大量心血，在此一并表示衷心的感谢。

由于时间仓促，加之编者水平有限，编者虽然尽职尽力，但书中难免存在疏漏、错误之处，敬请广大读者批评指正，以便今后提高和完善。如有任何意见，请发邮件到little0_0@126.com与作者进行交流。

要下载书中案例的代码，可访问www.tupwk.com.cn/downpage，输入书名或ISBN下载；也可扫描封底的二维码直接下载。

编 者

目　录

项目1　应 聘 入 职

【情境描述】

唐君是辽宁金融职业学院信息工程系的一名学生，今年7月份毕业，她想找一份网页设计师的工作，于是在招聘会上选择了几家网络公司，并投了简历。10天前，她收到来自沈阳蓝德科技有限公司的通知，要她去公司面试。

【教学目标】

能力目标
- 能使用主流浏览器访问网页

知识目标
- 了解主流浏览器：Chrome、IE、Firefox、Opera、Safari
- 了解网页制作技术：HTML、CSS、JavaScript
- 了解网页的基本元素

素质目标
- 具有良好的自学能力、沟通能力，注重团队协作

【教学实施】

任务1-1　面试

【任务引入】
在面试前，唐君先到网上浏览网页相关知识，为面试做好准备。

【学习任务】
同学们自行上网查找下面4个问题的答案，并用简短的文字记在纸上，为面试做准备。
(1) 目前主流网页浏览器有哪些？
(2) 各主流网页浏览器的优势是什么？

(3) 目前最基本的网页制作技术有哪些？

(4) 网页主要包括哪些常用元素？

【相关知识】

1. 网页相关概念

网页是Internet展示信息的一种形式，网页文件的扩展名通常为.html或.htm。一般在浏览器中输入网址后回车，打开的文件就是网页。

网站是多个网页的集合。

在网站中默认打开的页面称为主页，也叫首页。主页是一个网站中最重要的网页，通常包含最重要的信息以及指向其他网页的超链接。

通过主页中的超链接打开的网页，称为内页。

2. 网页的基本元素

不同的网页包含的页面元素可能不同，但一般网页的基本元素包括标题、标志(Logo)、导航栏、Banner、文本、图像、表格、表单、超链接、多媒体等。下面通过浏览http://www.lnfvc.edu.cn来更直观地认识网页的基本元素，如图1-1-1所示。

图1-1-1   网页的基本元素

3. 世界五大主流网页浏览器

访问网页需要使用浏览器，目前世界五大主流浏览器包括Internet Explorer、Google Chrome、Firefox、Safari、Opera。

Internet Explorer浏览器简称IE浏览器，是微软公司旗下的浏览器。

Google Chrome浏览器是Google旗下浏览器，追求简洁、快速、安全，对HTML5和CSS3(网页结构代码)的支持是最好的。

Firefox浏览器，简称FF浏览器，是Mozilla公司旗下浏览器。Firefox插件和应用非常多，不过启动慢，但是负载能力经测试是最强的，同时打开20到30个网页时也只占用较少的电脑资源。

Safari浏览器是苹果公司旗下浏览器，在苹果系统下是很优秀的浏览器，已停止对Windows系统的支持。

Opera浏览器是挪威厂商Opera旗下浏览器，界面简洁、速度快。

4．网页制作技术

按照网页的表现形式分类，网页可分为静态网页和动态网页。静态网页是指用HTML语言编写的网页，动态网页是使用ASP、PHP、JSP、ASP.NET等程序生成的网页。

本书讲解静态网页制作技术，主要包括如下：

(1) HTML：超文本标记语言，是Hyper Text Markup Language的缩写。

HTML是网页内容的载体，可包含文本、图像、视频等网页元素。

HTML由一系列标签组成，标签包含属性和值，通过网页浏览器可访问HTML文件的内容。

(2) CSS：层叠样式表，是Cascading Style Sheet的缩写，简称样式表。CSS属性配合HTML标签使用，可以修饰、控制网页的外观表现，如同网页的外衣。

(3) JavaScript：一种基于对象和事件驱动并具有安全性能的脚本语言，主要用来实现网页上的特效效果，如鼠标滑过弹出式下拉菜单，或鼠标滑过表格的背景颜色改变等。

JavaScript是一种比较简单的编程语言，可直接写在HTML文件中，不需要单独编译，在浏览器中即可执行。

【考核任务】

(1) 老师课前根据班级学生总数，按4人或5人为一组，计算出小组个数，提前做好纸签。

(2) 让同学们依次抽签，统计抽签结果，确定分组，安排同组同学坐在一起。

(3) 每组安排一名同学作为面试学生，其他学生作为面试官，分别提问上述【学习任务】中的4个问题，根据答题情况在面试表格中打分。面试表格如图1-1-2所示。

(4) 每组同学轮流充当面试学生，重复步骤(3)，完成每名学生的面试表格。

组别	学号	姓名	问题1得分	问题2得分	问题3得分	问题4得分	总分

图1-1-2　面试表格

【任务小结】

本次任务通过面试的形式，使同学们对网页制作方面的基本知识有初步的了解。

任务1-2 入职

【任务引入】

唐君顺利通过面试，通知她办理入职手续并参加培训。

【学习任务】

(1) 沈阳蓝德科技有限公司介绍

沈阳蓝德科技有限公司成立于2003年，是全面的基于互联网解决方案的应用服务提供商，专门从事企业网站设计、开发；并从事电子商务项目规划、创意、运营。

沈阳蓝德科技有限公司自有网站的网址是http://www.lnasp.com。

沈阳蓝德科技有限公司的服务领域：官网建设、网上商城、品牌网站建设、行业门户网站建设等。

(2) 网页设计师工作流程(工作流程如图1-2-1所示)

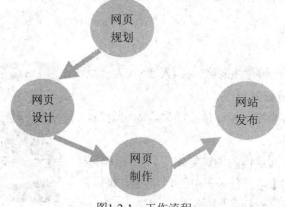

图1-2-1　工作流程

1) 网页规划：设计师和客户、销售进行沟通，确定网页制作规划书。

2) 网页设计：使用网页设计工具Photoshop设计网页效果图。

3) 网页制作：使用网页制作工具，运用网页制作技术HTML、CSS、JavaScript制作网页。

4) 网站发布：注册域名、申请空间，发布网站(任务3-6-2中有详细讲解)。

【考核任务】

(1) 统计任务1-1中每名同学面试表格的得分，每组得分最高者为组长。

(2) 小组坐在一起讨论，为自己的小组取有个性的名称。

(3) 填写员工入职表，表格如图1-2-2所示。

恭喜你成为蓝德科技的一名见习网页设计师，实习期为三个月，实习期满转为正式员工。请认真如实填写入职表格。

员工入职表

姓名		性别		照片（手机拍摄照片粘贴在此处）
年龄		民族		
电话		部门		
爱好				
简介				

*部门填小组名称　*其余项目如实填写

图1-2-2　员工入职表格

项目总结

本项目以入职应聘的形式，让学生对网页制作的基本知识有个初步认识，并对网页设计师职业有整体的了解，项目设置让学生身临其境，能全身心投入到项目中，在不知不觉中初步学习整个课程。

知识拓展

1. 网页设计发展史

从第一个网站在20世纪90年代初诞生以来，设计师们尝试了各种网页的视觉效果。早期的网页几乎完全由文本构成，仅包含一些小图片和毫无布局可言的标题与段落。然而，时代在进步，接下来出现了表格布局，然后是Flash，最后是基于CSS的网页设计。

第一张网页。1991年8月，Tim Berners-Lee发布了第一个简单的、基于文本的网页，其中包含几个链接。

W3C的出现。1994年，万维网联盟(W3C)成立，该联盟将HTML确立为网页的标准标记语言。

基于表格的设计。在HTML中，表格标签的本意是为了显示表格化的数据，但是设计师利用表格来构造他们设计的网页，这样就可以制作较以往作品更复杂的多栏目网页。

基于Flash的网页设计。Flash开发于1996年，起初只有非常基本的工具与时间线，最终发展成能开发整套网站的强大工具。

Tim Berners-Lee

基于CSS的设计。CSS设计受到关注始于21世纪初。虽然CSS已经存在很长一段时间了，但当时仍然缺乏主流浏览器的支持，并且许多设计师对它很陌生。

与表格布局与Flash网页相比，CSS有许多优势。首先它将网页的内容与样式相分离，这从本质上意味着视觉表现与内容结构的分离。

CSS是网页布局的最佳实践，CSS极大地改变了标签的混乱局面，还创造了简洁和语义化的网页布局。

由CSS设计的网页的文件往往小于基于表格布局的网页，这也意味着页面响应时间更短。

(以上内容摘自http://www.websbook.com/jiemian/wysjdlsfzhg_c90ndq_18503.html)

2. HTML 的发展史

HTML1.0。实际上应该没有HTML1.0，所谓的HTML1.0，是1993年IETF(互联网工作任务组)团队的一个工作草案，并不是成型的标准。

HTML2.0。1995年11月作为RFC 1866发布，2000年6月RFC 2854发布之后宣布其过时。

HTML3.2。1996年W3C(万维网联盟)撰写新规范，并于1997年1月推出HTML3.2。

HML4.0。1997年12月18日成为W3C的推荐标准。1999年12月24日成为W3C的推荐标准。其中只做了细微调整。

HTML4.01。2000年5月15日发布，是国际标准化组织和国际电工委员会的标准，一直沿用至今，虽然有小的改动，但大体方向没有变化。

XHTML1.0。2000年1月26日发布，是W3C的推荐标准，后于2002年8月1日重新发布。

XHTML指可扩展超文本标签语言。XHTML是HTML与XML(扩展标记语言)的结合物。XHTML包含所有与XML语法结合的HTML 4.01元素。

XHTML1.1。2001年5月31日发布。XHTML1.0是XML风格的HTML4.01。XHTML1.1初步进行了模块化。

XHTML2.0。XHTML2.0是一种通用标记语言。XHTML2.0的开发工作于2009年底停止，而资源用于推动HTML5的进展。

HTML5。HTML5是对HTML标准的第五次修订，其主要目标是将互联网语义化，以便更好地被人类和机器阅读，同时更好地支持各种媒体的嵌入。

而HTML5本身并非技术，而是标准。它所使用的技术已很成熟，国内通常所说的HTML5实际上是HTML与CSS3及JavaScript和API等的组合，大概可用以下公式说明：HTML5≈HTML+CSS3+JavaScript+API。

(以上内容摘自http://jingyan.baidu.com/article/59a015e352c175f7948865a5.html)

项目2 "蓝德科技"网站的完善

【情境描述】

唐君入职后，经理安排她先协助网页设计师完善公司自有网站的"蓝德员工"栏目，锻炼她的基本网页制作能力，为其转正成为一名正式的网页设计师做好准备。

【教学目标】

能力目标
- 能使用记事本编写网页
- 能使用HTML的基本标签制作简单的网页
- 能使用简单的CSS样式修饰HTML页面

知识目标
- 掌握HTML的基本结构
- 掌握HTML的基本标签(\<p>、\<h>、\<span>、\<hr>、\<img>、\
)的应用
- 掌握使用CSS设置文本、图像样式的方法
- 理解HTML和CSS的关系

素质目标
- 能主动和同事交流
- 能制作优美的网页，具有审美、创新能力

【教学实施】

任务2-1 制作员工活动页面

【任务引入】

本次任务是制作员工活动页面，在Google Chrome浏览器中显示的页面效果如图2-1-1所示。

图2-1-1　员工活动页面

【学习任务】

【任务1】

描述：使用HTML基本结构标签，制作hello html页面。

操作步骤：

(1) 在D盘下新建一个文件夹，命名为2-1，在2-1文件夹下单击鼠标右键，从弹出菜单中选择"新建"|"文本文档"。

(2) 将文本文档的名称改为2-1-1.html，之后会弹出如图2-1-2所示的对话框，单击"是"按钮。

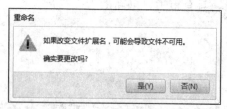

图2-1-2　"重命名"对话框

(3) 在2-1-1.html文件上右击，从弹出菜单中选择"用记事本打开该文件"。

(4) 在打开的空白文档里写入代码，如图2-1-3所示。

图2-1-3 2-1-1.html页面代码

(5) 代码书写完毕后，执行Ctrl+S快捷键保存文件。

(6) 在2-1-1.html文件上右击，从弹出菜单中选择"打开方式"|"Google Chrome"。

(7) 在Google Chrome浏览器中将看到如图2-1-4所示的页面。

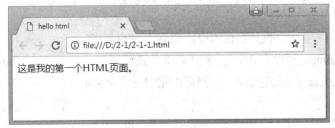

图2-1-4 2-1-1.html页面

【任务2】

描述：实现如图2-1-5所示的"快乐工作 快乐生活"页面。

图2-1-5 "快乐工作 快乐生活"页面

【操作步骤】

(1) 在D盘文件夹2-1下，新建文本文档，命名为2-1-2.html。

(2) 再新建一个文件夹，命名为images(用来存放网页中用到的图像)。

(3) 将图像素材2-1-1.jpg粘贴到images文件夹下。

(4) 在2-1-2.html文件上右击，从弹出菜单中选择"用记事本打开该文件"。

(5) 在打开的空白文档里写入代码，如图2-1-6所示。

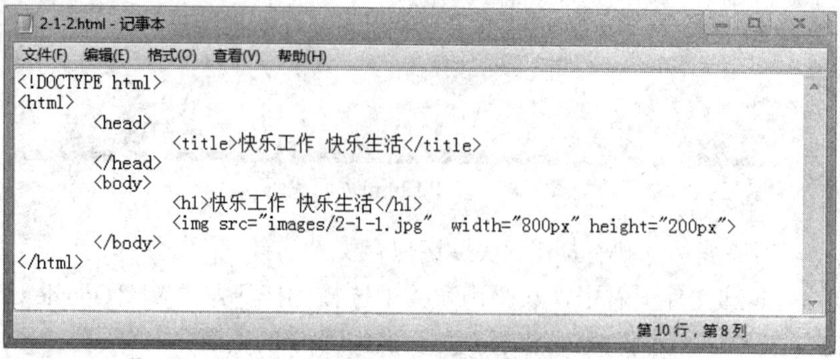

```
┌──────────────────────────────────────────────────┐
│ 📄 2-1-2.html - 记事本                    _  □  ×  │
├──────────────────────────────────────────────────┤
│ 文件(F)  编辑(E)  格式(O)  查看(V)  帮助(H)          │
├──────────────────────────────────────────────────┤
│ <!DOCTYPE html>                                    │
│ <html>                                             │
│         <head>                                     │
│             <title>快乐工作 快乐生活</title>        │
│         </head>                                    │
│         <body>                                     │
│             <h1>快乐工作 快乐生活</h1>              │
│             <img src="images/2-1-1.jpg"  width="800px" height="200px"> │
│         </body>                                    │
│ </html>                                            │
│                                                    │
├──────────────────────────────────────────────────┤
│                                    第10行，第8列    │
└──────────────────────────────────────────────────┘
```

图2-1-6　2-1-2.html页面代码

(6) 代码书写完毕后，执行Ctrl+S快捷键保存文件。

(7) 在2-1-2.html文件上右击，从弹出菜单中选择"打开方式"|"Google Chrome"。

(8) 在Google Chrome浏览器中将看到如图2-1-5所示的页面。

【相关知识】

1. HTML 基本结构

HTML文件的基本结构如下：

```
<!DOCTYPE html>                    //文件声明
<html>                             //文件开始标签
<head>                             //文件头开始标签
    <title>……</title>            //文档标题
…….                               //文件头内容
</head>                            //文件头结束标签
<body>                             //文件主体开始标签
……..                             //文件主体内容
</body>                            //文件主体结束标签
</html>                            //文件结束标签
```

从上面可以看出，HTML文件由一个<html>标签开头，由一个</html>标签结尾。然后是<head>和<body>这两大块，分别表示头部和主体部分。头部主要放一些表示文档属性的信息，包括文档标题、文档的关键字等；而主体<body>部分则主要是网页的真正内容所在，即显示给用户看的东西。

> 说明：
> <!DOCTYPE>是声明，不是HTML标签；它告知浏览器页面使用哪个HTML版本进行编写。<!DOCTYPE html>声明的是HTML5版本。<!DOCTYPE>声明必须位于HTML文档的第一行，在<html>标签之前。

2. HTML 标签

(1) HTML标签是由尖括号包围的关键词，比如<html>。

(2) 标签通常成对出现，开始标签为< >，结束标签为</ >。在开始标签和结束标签中间添加内容。这类标签称为双标签，比如<body>……</body>。

(3) 有些标签只有开始标签< >，没有结束标签</ >。这类标签称为单标签，这类标签不需要添加内容，单独使用就能表达意思。比如
表示换行，<hr>表示水平线。

(4) 标签与标签之间可以嵌套。比如<html>是一个最大的标签，<head>和<body>嵌套在<html>中。

(5) 标签不区分大小写。比如<head>、<Head>、<HEAD>的写法都正确，而且含义相同。

(6) 标签的属性。属性要在开始标签中指定，用来表示该标签的性质和特性。通常都以"属性名=值"形式来表示，用空格隔开，还可以指定多个属性。指定多个属性时不必区分顺序，如<h1 align="center">…</h1>。

(7) HTML注释。注释以"<!--"开始，以"-->"结束，中间的内容都是注释。注释可以一行，也可以跨多行。比如，<!--此处为注释内容，不会显示在网页上。-->。

> **说明：**
> HTML中各元素之间有明确的关系。包含另一个元素的元素是被包含元素的父元素，如head和body包含在html中，则html是head和body的父元素，反过来，head和body是html的子元素。一个元素可以拥有多个子元素，但只能有一个父元素。具有同一父元素的几个元素互为兄弟元素，如head和body为兄弟元素。

3. 标题标签<h1>~<h6>

标题标签用于设置网页中的标题文字，被设置的文字将以黑体或粗体形式显示在网页中。HTML中共有6个等级的标题，默认情况下，标题级别越小，字号越大。标题标签独占一行。标题标签具有确切的语义，只用于标题内容。搜索引擎会把文章中出现的<h1>~<h6>标签作为文章的结构与主次，从而进行索引。标题标签的格式如下：

```
<h1>标题内容</h1>              //第一级标题
<h2>标题内容</h2>              //第二级标题
<h3>标题内容</h3>              //第三级标题
<h4>标题内容</h4>              //第四级标题
<h5>标题内容</h5>              //第五级标题
<h6>标题内容</h6>              //第六级标题
```

> **说明：**
> 默认情况下，标题文字是左对齐。标题标签有一个可选属性align，可以改变标题文字的对齐方式，其值分别为left(左)、center(中)、right(右)。但在网页制作中不推荐使用该属性，可使用CSS样式来修饰(可参阅任务2-3)。

4. 图像标签<img>

图像可使HTML页面美观、生动且富有生机。浏览器可以显示的图像格式有JPG、GIF、BMP、PNG。具体使用哪种格式来美化页面还要视情况而定。

BMP存储空间大，传输速度慢，不推荐使用。

JPG图像支持数百万种颜色，但占用存储空间要比GIF大。

GIF图像仅有256种颜色，虽然质量不如有JPG图像高，但占用存储空间小，下载速度快，支持动画效果和背景色透明。

PNG图像与GIF图像相同，同时PNG图像也具有非常高的质量，它也适用于包含上百万种颜色的照片和图片。此格式具备JPG格式和GIF格式的双重优点，但IE6对PNG8和PNG32的半透明效果不支持。

图像标签<img>是单标签，其功能是向网页中插入一幅图像。<img>标签的格式如下：

```
<img src="图像URL"   alt="图像的替换文本">
```

当浏览器读取到<img>标签时，就会显示此标签所设定的图像。要设定图像并对图像进行修饰，还要配合其属性来完成。<img>标签的属性如表2-1-1所示。

表2-1-1　<img>标签的属性

属性	描述
alt	必需属性，规定图像的替代文本
src	必需属性，规定显示图像的URL
width	可选属性，设置图像的宽度
height	可选属性，设置图像的高度
align	可选属性，不推荐使用，规定如何根据周围的文本来排列图像
border	可选属性，不推荐使用，定义图像周围的边框
vspace	可选属性，不推荐使用，定义图像顶部和底部的空白
hspace	可选属性，不推荐使用，定义图像左侧和右侧的空白
ismap	可选属性，将图像定义为服务器端图像映射
longdesc	可选属性，指向包含长的图像描述文档的URL
usemap	可选属性，图像定义为客户端图像映射

> **说明：**
> <img>标签并非真正将图片加入HTML文件中，而是为src属性赋值，这个值是图片文件的文件名和路径，也可以是网址。实际上就是通过路径将图形文件嵌入文件中。

5. 文件路径

HTML有两种路径写法：相对路径和绝对路径。在插入图像或链接时均会用到路径。

相对路径的写法分为三种情况：

(1) 如果源文件和引用文件在同一个目录中，直接写引用文件名即可，如图2-1-7所示。

如果在 a.html 文件中嵌入图片 a.jpg

写法为：<img src="**a.jpg**">

图2-1-7　第一种情况

(2) 如果源文件和引用文件所在的文件夹在同一个目录，写为文件夹名/引用文件名，如图2-1-8所示。

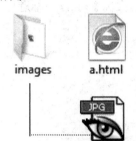

如果在 a.html 文件中嵌入图片 a.jpg，

a.jpg 位于 images 文件夹下，

写法：<img src="**images/a.jpg**">

图2-1-8　第二种情况

(3) 如果引用文件在源文件的上级目录，写为../引用文件名。如果是上级目录的上级目录，写为../../引用文件名。依此类推，如图2-1-9所示。

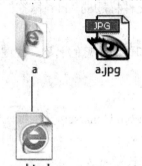

如果在 a.html 文件中嵌入图片 a.jpg，

a.html 位于 a 文件夹下，

写法：<img src="**../a.jpg**">

图2-1-9　第三种情况

绝对路径是带域名的文件的完整路径。切记"http://"不可省略。

如果HTML文件中要插入的图片的路径为绝对路径http://www.lnfvc.edu.cn/newweb/images/xh.png，则写法为<img src="http://www.lnfvc.edu.cn/newweb/images/xh.png">。

6. 文件命名规则

HTML文件命名约定：

HTML文件扩展名为.html。

HTML文件名使用英文名，全部小写，多个单词之间用"-"连接。

【考核任务】

成果：完成如图2-1-1所示的员工活动页面(employee-activity.html)。

考核要点：

(1) HTML基本结构完整

(2) <img>标签书写正确

(3) 能运用img的width、height属性

(4) 标题标签的正确使用

【任务小结】

该任务重点学习HTML基本结构，以及HTML常用标签：图像标签<img>、标题标签<hn>。

【拓展训练】

要求：为员工活动页面加上喜欢的背景颜色。

知识扩展

1. <head>标签

<head>标签用来封装位于文档头部的标签。<head>标签中包含文档的标题、文档使用的脚本、样式定义和文档名信息。<head>标签里的内容是用户不可见的，不显示在页面中。<head>标签包含的标签及功能如下：

(1) 标题标签<title>，用于定义文档的标题，显示在浏览器的标题栏中，可以帮助用户更好地识别页面。另外，在<head>标签中，只能有一个代表文件标题的<title>标签。写法：<title>….</title>。

(2) 元信息标签<meta>，一般用来定义页面显示字符集和页面信息的名称、关键字和作者等。在<head>标签中，可以有多条<meta>标签。

显示文件编码：

原始写法：<meta http-equiv="Content-Type" content="text/html; charset=文字编码">

简化写法：<meta charset="文字编码"/>

建议使用简化写法。这种写法容易记住，且各类浏览器均支持。

常见的编码格式有中文编码(GBK2312)和国际编码(UTF-8)两种。GBK2312是中文编码，如果你的网站内容都是中文，就使用GBK2312。UTF-8是国际编码，文字通用(包括中文和英文)。它们的主要区别是GBK2312是专为中文打造的，一个汉字占两个字符。UTF-8是通用的，一个汉字占3个字节。早期的网络带宽资源短缺，所以使用GBK2312编码可以节省带宽，提高网页的打开速度，但是现在，家庭带宽都是4兆起，完全可以忽略节省的那些字节。

我们在浏览网页的时候，大多数人都碰到过乱码的页面吧。编码格式是让浏览器以设定的编辑格式进行解析，如果编码格式不正确，就会用出现乱码。所以建议使用通用的UTF-8编码，这样全球所有的浏览器访问我们的网页时都能正常显示。

网页制作者信息：搜索引擎在收集信息时要用到。

<meta name="author" content="制作者姓名">

网站简介：搜索引擎在收集信息时要用到。

```
<meta name="description" content="简介文字内容">
```

搜索关键字：搜索引擎在收集信息时要用到。

```
<meta name="keywords" content="关键字1，关键字2，...">
```

自动跳转：

<meta http-equiv="refresh" content="2,url=http://www.lnfvc.edu.cn">是两秒钟后跳转到URL所指网页，其中的2可以改成其他数字。

(1) 链接CSS写法：<link href="**.css" rel="stylesheet" type="text/css">

(2) 调用JavaScript写法：<script language="javascript" src="**.js"></script>

2. <body>标签

<body>标签定义文档的主体。<body>标签包含文档的所有内容(如文本、超链接、图像、表格和列表等)。如表2-1-2所示，<body>标签自身有很多属性，但都不推荐使用。

表2-1-2 <body>标签的属性

属性	描述
background	不赞成使用。请使用样式取代它。规定文档的背景图像
bgcolor	不赞成使用。请使用样式取代它。规定文档的背景颜色
link	不赞成使用。请使用样式取代它。规定文档中未访问链接的默认颜色
alink	不赞成使用。请使用样式取代它。规定文档中活动链接(active link)的颜色
text	不赞成使用。请使用样式取代它。规定文档中所有文本的颜色
vlink	不赞成使用。请使用样式取代它。规定文档中已访问链接的颜色

写法举例：

设置页面的文字颜色：<body text="颜色指定">~</body>

设置页面的背景颜色：<body bgcolor="颜色指定">~</body>

设置页面的背景图像：<body background="图像的URL">~</body>

说明：

HTML中有三种颜色表示方法。最常用的是6位十六进制的代码表示法，如#ff0000。颜色的表示还可以用颜色的关键字表示，如red、green。另外还可以用rgb(r,g,b)表示，括号中的r、g、b分别用0~255的十进制数或百分比表示红、绿、蓝，例如rgb(255,0,0)以及rgb(100%,0%,0%)都表示红色。

任务2-2 制作优秀员工页面

【任务引入】

本次任务是制作优秀员工页面，在Google Chrome浏览器中显示的页面效果如图2-2-1所示。

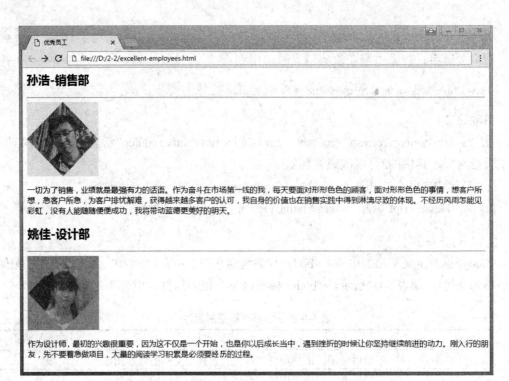

图2-2-1 优秀员工页面

【学习任务】

【任务1】

描述：实现如图2-2-2所示的页面。

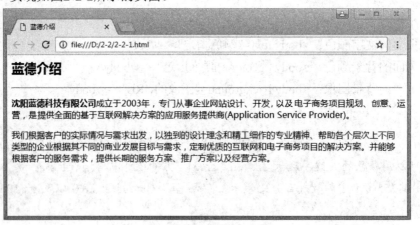

图2-2-2 蓝德介绍页面

操作步骤：

(1) 在D盘下新建一个文件夹，命名为2-2，在2-2文件夹下单击鼠标右键，在弹出菜单中选择"新建"|"文本文档"。

(2) 将文本文档的名称改为2-2-1.html，之后会弹出如图2-1-3所示的对话框，单击"是"

按钮。

(3) 在2-2-1.html文件上右击,在弹出菜单中选择"用记事本打开该文件"。

(4) 在打开的空白文档里写入代码,如图2-2-3所示。

(5) 代码书写完毕后,按下Ctrl+S快捷键保存文件。

(6) 在2-2-1.html文件上右键,在弹出菜单中选择"打开方式"|"Google Chrome"。

(7) 在Google Chrome浏览器中将看到如图2-2-2所示的页面。

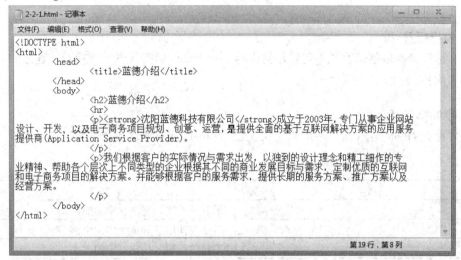

图2-2-3 2-2-1.html页面代码

【任务2】

描述:将代码中的<strong>标签依次换成<em>、<b>、<i>、<u>、<sup>、<sub>、<strike>来观察页面执行效果,理解各个标签的含义。

操作步骤:

(1) 用记事本打开2-2-1.html文件。

(2) 找到代码中的<strong>标签,依次替换,然后在浏览器中浏览效果。

【相关知识】

1. 段落标签<p>

段落标签<p>是双标签,用来设置文字段落,文字段落以<p>开始,以</p>结束。

<p>标签有一个可选属性align,用来指明字符显示时的对齐方式,其值分别为left(左)、center(中)、right(右)。但align属性不推荐使用,可以在CSS中进行设置(任务2-3的【相关知识】中有介绍,即用CSS的text-align属性来设置文本对齐)。

2. 水平线标签<hr>

水平线标签<hr>是单标签,用于段落与段落之间的分隔,使文档结构清晰明了,使文字的编排更整齐。通过设置<hr>标签的属性值,可以控制水平线的样式。属性如表2-2-1所示。

表2-2-1　水平线标签<hr>的属性

属性	描述
align	不赞成使用。规定<hr>标签的对齐方式
noshade	不赞成使用。规定<hr>标签的颜色呈现为纯色
size	不赞成使用。规定<hr>标签的高度(厚度)
width	不赞成使用。规定<hr>标签的宽度

3. 换行标签

换行标签
是单标签，不包含任何内容。一个
标签代表一次换行，连续的多个标签可以多次换行。

4. 字体标签<font>

字体标签<font>是双标签，用来定义文字。<font>标签的属性如表2-2-2所示。

表2-2-2　字体标签<font>的属性

属性	描述
color	不赞成使用。规定文字的颜色
face	不赞成使用。规定文字的字体
size	不赞成使用。规定文字的大小

<font>标签使用格式，举例如下：

设置文字颜色

```
<font color="red">红色的字</font>
<font color="#0000FF">蓝色的字</font>
```

设置文字字体

```
<font face="黑体">黑体字</font>
<font face="Courier New">Courier New</font>
```

使用face属性，其值可以是本机上的任意字体，但要注意，只有在浏览者的计算机中安装有相同字体时，才可以在浏览器中正常显示。

设置文字大小

```
<font size="4">4号大小的字</font>
```

使用size属性来控制文字大小，这里size的取值可以是1~7，1号最小，7号最大。
还有些特殊的标签用于文字的设置。标签的名称和功能说明如表2-2-3所示。

表2-2-3 特殊的字体标签

标签	描述
<b>...</b>	定义粗体
<i>...</i>	定义斜体
<u>...</u>	加下画线
<em>...<em>	表示强调，一般为斜体
<strong>...</strong>	表示强调，一般为粗体
^{...}	上标
_{...}	下标
<strike>...</strike>	删除线

【考核任务】

成果：完成如图2-2-1所示的优秀员工页面(excellent-employees.html)。

考核要点：

(1) HTML基本结构完整

(2) <p>标签书写正确

(3) <hr>标签书写正确

(4) 图像正确显示

【任务小结】

本任务重点学习段落标签<p>、水平线标签<hr>、字体标签的使用。

【拓展训练】

要求：使用标签的属性，修改优秀员工页面，让标题文字和图片居中显示，改变水平线的长度，并设置其居中显示，如图2-2-4所示(参考代码在素材中，文件名为excellent-employees-edit.html)。

知识拓展

(1) 标签的属性写在开始标签内，各属性之间无先后顺序，属性也可以省略(即为默认值)。属性写法如下：

<标签名称 属性1=属性值1 属性2=属性值2 ...>

(2) <img>标签的 align 属性用于控制被文字包围的图像的对齐方式。HTML 和 XHTML 标准指定了5个图像对齐属性值：left、right、top、middle 和 bottom。left 和 right 值会把与图像相连的文本转移到相应的边界中；其余三个值将图像与其相邻的文字在垂直方向上对齐。

<center>标签用于将所包括的内容水平居中显示。

因此，如果想将图片水平居中，可使用<center>...</center>标签。

图2-2-4　修改后的优秀员工页面

事实上，align属性和<center>标签都不赞成使用，应改用CSS样式。

说明：
　　直接使用标签的属性来改变内容的显示效果简单、方便，但页面代码较混乱，修改麻烦。因此，目前制作网页很少直接使用标签的属性，如果要实现美化效果，通常使用CSS来进行修饰。这样做的好处是：将HTML标签与CSS样式进行分离，页面清晰，便于修改。

任务2-3　美化优秀员工页面

【任务引入】

　　本次任务是美化优秀员工页面，在Google Chrome浏览器中显示的页面效果如图2-3-1所示。

图2-3-1 美化后的优秀员工页面

【学习任务】
【任务】
描述：实现如图2-3-2所示的页面。

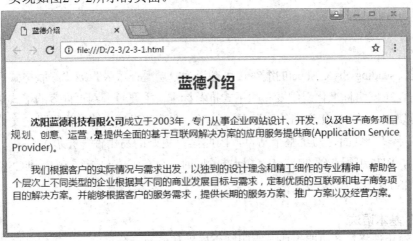

图2-3-2 蓝德介绍页面

操作步骤:

(1) 在D盘下新建一个文件夹,命名为2-3。

(2) 将2-2文件夹下的2-2-1.html复制到2-3文件夹下,将文本文档改名为2-3-1.html。

(3) 在2-3-1.html文件上右击,在弹出菜单中选择"用记事本打开该文件"。

(4) 在打开的空白文档里写入代码,如图2-3-3所示。其中矩形框里的代码为新增代码。

(5) 代码书写完毕后,按下Ctrl+S快捷键保存文件。

(6) 在2-3-1.html文件上右击,在弹出菜单中选择"打开方式"|"Google Chrome"。

(7) 在Google Chrome浏览器中将看到如图2-3-2所示的页面。

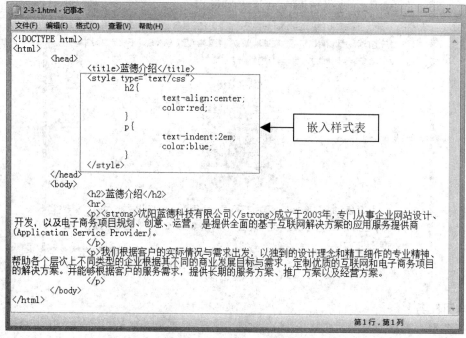

图2-3-3　2-3-1.html页面代码

【相关知识】

1. CSS 简介

CSS是Cascading Style Sheet的缩写,可翻译为"层叠样式表"或"级联样式表",即样式表。它是W3C网络标准化组织发布的正式推荐标准,主要负责网页内容的格式化、布局和显示。它可以定义在HTML文档的标记中,也可以在外部附加文档中作为附加文件。一个样式表可作用于多个页面,乃至整个站点,因此具有更好的易用性和拓展性。

1997年,W3C组织在颁布HTML4.0标准的同时,公布了CSS的第一个标准CSS1,目前最新版本是CSS3.0。

2. CSS 基本语法

CSS语法由选择符和声明组成。声明则由属性和值两部分组成,用于定义样式属性。基本语法如下:

选择符{属性1:属性值1;属性2:属性值2;…}

例如：p{font-size:18px;color:red;}

这段代码中，p为选择符，介于{和}之间的所有内容为声明。其作用是定义页面中段落<p>标签内的字体大小为18px，字体颜色为红色。

> **说明：**
> 一个样式表的定义要包含在{和}之间；属性和属性值之间用";"分隔；当有多个属性时，多个属性之间用";"间隔；若属性值为多个单词，则需要用引号将值括起来，例如p{font-family:"sans serif";}。

3. CSS 选择符

选择符指定CSS样式将应用到的对象。CSS常用选择符分类如下：

(1) **通配选择符**。写法"*"，其含义是所有元素，如*{color:red;}。

(2) **标签选择符**。也称类型选择符，HTML所有的标签都可以作为标签选择符。比如p{font-size:18px;color:red;}定义页面中所有<p>标签中的文字大小均为18px，文字颜色为红色。若直接定义，便会自行被<p>标签应用。

(3) **类选择符**。要让相同的标签具有不同的样式效果，无法通过标签选择符来实现，此时需要自定义类选择符。定义类选择符时，需要在自定义类的前面加点号，如.red{color:red;}。

类选择符不会被自动应用到HTML标签中，需要通过标签的class属性将定义好的样式应用到某标签中，在应用时不需写点号。

比如，为某个<p>标签应用.red，写法：<p class="red">…</p>。

另外，同一个类选择符可被多个不同的HTML标签应用。

为<h1>标签也应用.red，写法：<h1 class="red">…</h1>

(4) **ID选择符**。在HTML中，id参数用于指定某个单一标签，因此ID选择符用来对某个单一标签定义单独的样式。ID选择符定义时在开头要加#号。

如<p id="title1">…</p>，其中指定id名称为title1，因此ID选择符的定义为#title1{font-size:4;color:red;}。

> **说明：**
> ID选择符和类选择符十分相似，但ID选择符用于定义单一元素，若用它定义两个以上元素，页面不会出现问题，但是W3C检测时会指出任务页面不符合标准。因此，当多个元素使用相同样式时，可选择类选择器，同一个class可以定义多个元素。

(5) **伪类选择符**。伪类可以看成一种特殊的类选择符，是能被支持CSS的浏览器自动识别的特殊选择符。之所以称为"伪类"，是因为它们指定的对象在文档中并不存在，它们所指的是元素的某种状态。比如p:hover{background-color:gray;}指的是鼠标滑过段落时，背景颜色为灰色。

(6) **包含选择符**。根据标签在其位置的下文关系来定义样式。标签1里包含标签2，这种方式只对在标签1里的标签2定义，对单独的标签1和标签2无定义。

写法：选择符1　选择符2{样式}。如div　p{color:red;}指所有被div包含的段落中的文本颜色为红色。其中选择符1和选择符2之间用空格间隔。

(7) **组合选择符**。若多个选择符应用相同的样式，比如：

```
h1{color:red;}
#title1{color:red;}
.red{color:red;}
```

则可以进行CSS代码优化，合并为一组，这也符合CSS代码优化原则。优化后的代码为：h1,#title1,.red{color:red;}。其中，多个选择符中间用逗号间隔。

4. CSS 的应用

将CSS样式应用到页面的方法有3种：嵌入样式表、内联样式表和外联样式表。

(1) 嵌入样式表

嵌入样式表使用<style>标签将CSS样式表放到网页头部<head>标签内，样式表可以应用于整个网页。基本写法：<style type="text/css">。

```
   ……
</style>
```

使用案例见任务2-3中的图2-3-3。

(2) 内联样式表

内联样式表通过使用HTML标签的style属性来进行样式定义。样式的作用对象是页面上的单个元素。在使用内联样式时，如果有多个属性，则用分号进行分隔，并且都包含在双引号内。使用案例见任务3-3-2中的学习任务2。

> **说明：**
> 进行页面设计时，不提倡使用内联样式，因为这种方法不能将页面表现和页面结构很好地分开，通常在调试效果时或者在不得已的情况下才使用。

(3) 外联样式表

外联样式表作为一个独立的文本文件存放在HTML页面外部，扩展名为.css。

使用案例见任务3-3-6中的学习任务。

将CSS样式作用于HTML文档中，通常用<link>标签来引用样式表。写法如下：

```
<link href="样式文件" type="text/css" rel="stylesheet">
```

> **说明：**
> 引用CSS外部样式表文件时，rel属性不能省略，否则样式将无法发挥作用。在创建网站时，如果整站包含的若干子页面具有相似的页面外观效果，则使用一个独立的外联样式表是非常好的方案。

5. CSS的字体属性

CSS的字体属性主要包括字体、字体大小、加粗字体以及英文字体的大小写转换等，如表2-3-1所示。

表2-3-1 CSS的字体属性

属性	语法	描述
font-family	font-family: "字体1","字体2","字体3"	设置字体。当浏览器不支持第一个字体时，会采用第二个字体。若前两个字体都不支持，则采用第三个字体。依此类推，若浏览器不支持定义的所有字体，则采用系统的默认字体
font-size	font-size:18px	设置字号
color	color:red	设置字体颜色
font-style	font-style:normal|italic|oblique	设置字体是否为斜体。normal是正常字体，italic是斜体，oblique是倾斜的字体
font-weight	font-weight:normal|bold|bolder|lighter|number	设置字体加粗。normal是正常粗细，bold是粗体，bolder加粗体，lighter是细体
font-variant	font-variant:small-caps	设置字体字形。可以设置小型大写字母
font	font:font-style|font-variant|font-weight|font-size/line-height|font-family，可根据需要按顺序选择其中一个或多个属性，如p{font:italic small-caps 600 12pt/18pt宋体}	复合属性，可以同时对多个属性进行设置。除字体颜色外，字体的其他属性完全可被font组合属性取代。这符合CSS的代码优化原则

6. CSS 的文本属性

CSS对网页内容的控制比HTML更精确，有更多排版和页面布局控制功能(包括字符间距、字符缩进、单词间距、文字修饰等)，通过文本属性可以更精细地控制文本实现，如表2-3-2所示。

表2-3-2 CSS的文本属性

属性	语法	描述
letter-spacing	letter-spacing:normal|spacing	调整字符间距。spacing是长度，包括长度值和单位，长度值可以是负数
word-spacing	word-spacing:normal|spacing	调整单词间距
text-decoration	text-decoration:underline|overline|line-through|blink|none	文字修饰。underline是下画线，overline是上画线，line-through是删除线，blink是闪烁效果，只能在Netscape浏览器中正常显示
text-align	text-align:left|center|right|justify	控制文本对齐方式。left是左对齐，center是居中对齐，right是右对齐，justify是两端对齐
line-height	line-height:normal|数字|长度|百分比	调整行高。数字表示行高为字号的倍数，如line-height:2表示行高是字号的两倍

（续表）

属性	语法	描述
text-indent	text-indent:2px表示首行缩进2像素， text-indent:2em表示首行缩进2字符	设置文本首行缩进
white-space	white-space:normal|pre|nowrap normal是默认属性，将连续的空格合并；pre会导致源中的空格和换行符被保留，这个选项只在IE6中被支持；nowrap表示强制在同一行内显示所有文本	设置对象内空白的处理方式。默认情况下，HTML中的连续多个空格会被合并成一个，而使用这一属性可以设置成其他处理方式

【考核任务】

成果：美化后的优秀员工页面(excellent-employees-css.html)如图2-3-1所示。实现代码有多种形式，素材中有参考代码，但不作为标准答案，只要实现了如图2-3-1所示的效果，代码没有语法错误，都是正确的。

考核要点：

(1) 实现标题文字和图片的居中。

(2) 实现两个段落文本首行缩进两字符。

(3) 实现文本的颜色为蓝色。

说明：

CSS具有继承特性，所有元素中嵌套的元素都会继承外层元素指定的属性值。有时会把很多层嵌套的样式叠加在一起。假设有body{text-align:center;}，而且<body>部分包含代码<body><p>文字段落</p></body>，其中<p>包含在<body>中，则<p>中的内容会继承<body>定义的属性。

【任务小结】

本任务重点讨论CSS文字和文本属性的应用。

【拓展训练】

为优秀员工页面excellent-employees-css.html加上喜欢的背景颜色或背景图片，使用CSS背景属性。

CSS允许应用纯色作为背景，也允许使用背景图创建复杂的效果。CSS的背景属性如表2-3-3所示。

表2-3-3　CSS的背景属性

属性	语法	描述
background-color	background-color:#000000	背景颜色
background-image	background-image:url("图片")	背景图像

(续表)

属性	语法	描述
background-repeat	background-repeat:no-repeat|repeat-x|repeat-y	设置背景图像是否重复及重复方式,no-repeat是不重复,repeat-x是背景横向重复,repeat-y是背景纵向重复
background-position	background-position: 50% 50%	改变背景图像的起始位置
background	background: background-color|background-image|background-repeat|background-attachment|background-position	复合属性。用于把所有背景属性设置于一个声明中,用户可根据需要按顺序选择设置其中一个或多个属性

任务2-4 制作招贤纳士页面

【任务引入】

本次任务是制作招贤纳士页面,在Google Chrome浏览器中显示的页面效果如图2-4-1所示。

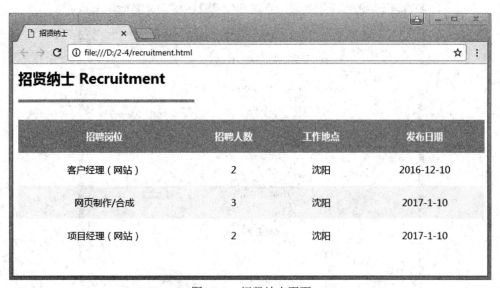

图2-4-1 招贤纳士页面

【学习任务】

任务描述:实现如图2-4-2所示的"蓝德产品价格表"页面。

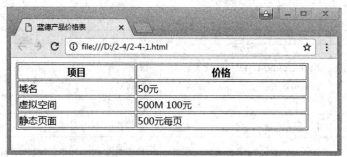

图2-4-2　蓝德产品价格表

操作步骤：

(1) 在D盘下新建一个文件夹，命名为2-4，在2-4文件夹下单击鼠标右键，在弹出菜单中选择"新建"|"文本文档"。

(2) 将文本文档的名称改为2-4-1.html。

(3) 在2-4-1.html文件上右击，在弹出菜单中选择"用记事本打开该文件"。

(4) 在打开的空白文档里写入代码，如图2-2-3所示。

(5) 代码书写完毕后，按下Ctrl+S快捷键保存文件。

(6) 在2-4-1.html文件上右击，在弹出菜单中选择"打开方式"|"Google Chrome"。

(7) 在Google Chrome浏览器中将看到如图2-4-3所示的页面。

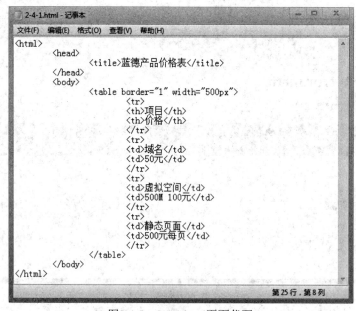

图2-4-3　2-4-1.html页面代码

同学们可使用表格标签的相关属性修改2-4-1.html，润色表格的边框及表格中的内容设计，使其更美观。

【相关知识】

1. 表格标签<table>

表格由<table>标签定义。每个表格均有若干行(由<tr>标签定义),每行被分隔为若干单元格(由<td>标签定义)。数据单元格可包含文本、图片、列表、段落、表单、水平线、表格等。语法如下:

```
<table>
    <tr>
      <td>……</td>
    </tr>
</table>
```

<table>不单独使用,它通常与<tr>和<td>一起使用。<tr>标签表示开启表格的一行(Row)。<td>标签表示表格的一个数据单元(Data)。<tr>标签的数量可多可少,但一个表格至少要包含一个<tr>行。

在HTML表格中,在<tr>标签下面,除了<td>标签之外,还有一种表格的标题标签<th>。<th>标签在使用时与<td>标签的区别是:<th>一般只用在第一个<tr>下。在浏览器中显示时,<th>标签被显示为加粗的字体,其他的与普通的<td>没有区别。

<table>标签的常用属性如表2-4-1所示。

表2-4-1 <table>标签的常用属性

属性	描述
align	不赞成使用。请使用样式代替。规定表格相对周围元素的对齐方式
bgcolor	不赞成使用。请使用样式代替。规定表格的背景颜色
border	规定表格边框的宽度
cellpadding	规定单元边缘与其内容之间的空白
cellspacing	规定单元格之间的空白
frame	规定外侧边框的哪个部分是可见的
rules	规定内侧边框的哪个部分是可见的
summary	规定表格的摘要
width	规定表格的宽度

<tr>标签的常用属性如表2-4-2所示:

表2-4-2 <tr>标签的常用属性

属性	描述
align	定义表格行的内容对齐方式
bgcolor	不赞成使用。请改用样式。规定表格行的背景颜色
charoff	规定第一个对齐字符的偏移量
valign	规定表格行中内容的垂直对齐方式

<td>标签的常用属性如表2-4-3所示。

表2-4-3 <td>标签的常用属性

属性	描述
align	规定单元格内容的水平对齐方式
bgcolor	不赞成使用。请改用样式。规定单元格的背景颜色
colspan	规定单元格可横跨的列数
height	不赞成使用。请改用样式。规定表格单元格的高度
nowrap	不赞成使用。请改用样式。规定单元格中的内容是否换行
rowspan	规定单元格可横跨的行数
valign	规定单元格内容的垂直排列方式
width	不赞成使用。请改用样式。规定表格单元格的宽度

【考核任务】

成果：完成如图2-4-1所示的招贤纳士页面(recruitment.html)。

考核要点：

(1) 正确使用表格标签及属性。

(2) 运行结果和图2-4-1一致。

【任务小结】

本任务重点学习表格标签及属性的使用。

【拓展训练】

要求：使用表格标签制作本学期课程表。制作力求精美。

知识拓展

对于标准的表格，每行的<td>数量是一样的。但在实际使用中，经常会遇到跨行、跨列的表格，这时，每行的<td>数量就不一样了。所谓"跨行"，是指一个单元格占据两行或两行以上。同一个单元格不能既跨行，又跨列。

所谓"跨列"，是指一个单元格占据两列或两列以上。跨行使用rowspan属性，跨列使用colspan属性。跨行、跨列的示例如下：

跨行示例：

```
<table>
<tr>
<td rowspan="2">行1-2，列1</td>
<td>行1，列2</td>
</tr>
<tr>
<td>行2，列2</td>
</tr>
</table>
```

跨列示例：

```
<table>
<tr>
<td colspan="2">行1，列1-2</td>
</tr>
<tr>
<td>行2，列1</td>
<td>行2，列2</td>
</tr>
</table>
```

任务2-5 制作蓝德员工导航页面

【任务引入】

本次任务是制作蓝德员工导航页面，在Google Chrome浏览器中显示的页面效果如图2-5-1所示。单击优秀员工超链接或下方的图片，会打开excellent-employees.html页面；单击员工活动超链接或下方的图片，会打开employee-activity.html页面；单击招贤纳士超链接或下方的图片，会打开recruitment.html页面。

图2-5-1 蓝德员工导航页面

【学习任务】

任务描述：实现如图2-5-2所示的页面。

操作步骤：

(1) 在D盘下新建一个文件夹，命名为2-5，在2-5文件夹下单击鼠标右键，在弹出菜单中选择"新建"|"文本文档"。

(2) 将文本文档的名称改为2-5-1.html。

(3) 在2-5-1.html文件上右击，在弹出的菜单中选择"用记事本打开该文件"。

(4) 在打开的空白文档里写入代码，如图2-5-3所示。

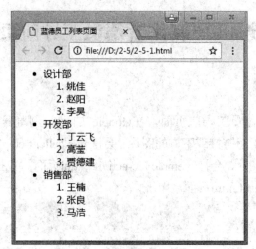

图2-5-2　蓝德员工列表页面

```
<html>
        <head>
                <title>蓝德员工列表页面</title>
        </head>
        <body>
        <ul>
                <li>
                        设计部
                        <ol><li>姚佳</li><li>赵阳</li><li>李昊</li></ol>
                </li>
                <li>
                        开发部
                        <ol><li>丁云飞</li><li>高莹</li><li>贾德建</li></ol>
                </li>
                <li>
                        销售部
                        <ol><li>王楠</li><li>张良</li><li>马浩</li></ol>
                </li>
        </ul>
        </body>
</html>
```

图2-5-3　2-5-1.html页面代码

(5) 代码书写完毕后，按下Ctrl+S快捷键保存文件。

(6) 在2-5-1.html文件上右键，在弹出菜单中选择"打开方式"|"Google Chrome"。

(7) 在Google Chrome浏览器中将看到如图2-5-2所示的页面。

【相关知识】

1. 无序列表标签 ul

无序列表使用的一对标签是<ul>和</ul>。无序列表指没有进行编号的列表。每个列表项前使用<li>标签。<li>标签的type属性取值为disc(实心圆)、circle(空心圆)、square(小方块)。如果<li>不使用type属性，默认的项目符号为"实心圆"。基本语法如下：

```
<ul>
<li>第一项</li>
```

```
<li type="circle">第二项</li>
<li type="square">第三项</li>
</ul>
```

2. 有序列表标签<ol>

有序列表和无序列表的语法格式基本相同,它使用标签对<ol>和</ol>,每个列表项前使用<li>标签。<ol>标签的结果是带有前后顺序的编号。如果插入和删除一个列表项,编号会自动调整。

<ol>标签有type和start两个属性。start是编号开始的数字,如果从1开始,则可以省略。type是用于编号的数字、字母的类型。type属性的取值分别为:1(表示数字标号)、A(表示大写字母标号)、a(表示小写字母标号)、I(表示大写罗马数字标号)、i(表示小写罗马数字标号)。

基本语法如下:

```
<ol type="编号类型" start=value>
<li>第一项</li>
<li>第二项</li>
<li>第三项</li>
</ol>
```

说明:

将一个列表嵌入另一个列表中,作为另一个列表的一部分,称为嵌套列表。无论是有序列表的嵌套还是无序列表的嵌套,浏览器都可以自动分层排列。

3. 链接标签<a>

HTML使用超链接与网络上的另一个文档相连。单击链接可以从一个页面跳转到另一个页面。超链接可以是文本,也可以是图片。语法如下:

```
<a href="链接地址">链接元素</a>
```

链接标签还有一个target属性,用来设定链接被单击后,目标窗口的打开方式。可选值为:_blank(新建一个空白窗口)、_parent(在上一级窗口中打开)、_self(在同一窗口中打开,与默认设置相同)、_top(在浏览器的整个窗口中打开,将忽略所有框架结构)。

【考核任务】

成果:完成如图2-5-1所示的蓝德员工导航页面(employees-index.html)。

考核要点:

(1) HTML基本结构完整

(2) <ul>标签书写正确

(3) 标签嵌套正确

(4) <a>标签书写正确

【任务小结】

该任务重点学习HTML列表标签ul、ol和链接标签a。

【拓展训练】

分别在页面employee-activity.html、excellent-employees.html、recruitment.html中添加导航链接。

项目总结

本项目通过5个任务，重点介绍了HTML基本标签的用法以及CSS的基本应用。本项目旨在通过任务的学习，使读者对网页有初步的认识。下一个项目将通过企业的实际项目，按照企业工作流程，完成项目的规划、设计、制作、发布。使读者真正能够综合应用HTML+CSS网页制作技术。

知识拓展

1. 网页布局技术

通用的网页布局技术是传统的HTML布局和Web标准布局。

(1) 传统的HTML布局

HTML布局中，主要布局元素是table元素。用table元素的单元格将页面分区，然后在单元格中嵌套表格定位内容。通常用table元素的align、vlign、cellspacing、cellpadding等属性控制元素的位置，用font元素控制文本的显示。

使用早期流行的表格技术进行网页布局已经有很长的历史和较成熟的技术规范，现在仍可看到使用表格技术实现的界面良好的网站(如http://www.lnfvc.edu.cn)。但其存在的缺点是无法分离页面内容和修饰，导致改版困难；页面代码语义不明确，导致数据难以利用；另外页面内容要等表格中的内容加载完毕后才能显示，导致加载速度慢。

(2) Web标准布局

Web标准是一个复杂的概念集合，由一系列标准组成。

这些标准大部分由W3C起草与发布，W3C(World Wide Web Consortium，万维网联盟)创建于1994年，是Web技术领域最具权威和影响力的国际中立性技术标准机构。W3C最重要的工作是发展Web规范(制定结构和表现的标准)。

也有一些标准由其他标准组织制定，如ECMA(European Computer Manufacturers Association，欧洲计算机制造商协会)的ECMAScript标准。ECMA于1960年由一些欧洲最大的计算机和技术公司成立，与W3C一样，ECMA是一家非营利性组织，目标是评估、开发以及认可电信和计算机标准，旨在建立统一的电脑操作格式标准——包括程序语言和输入/输出的组织。

Web标准主要包括三个方面：

(1) 结构标准语言。

结构标准语言在网页中主要对网页信息起到组织和分类的作用，主要包括HTML和XML。

(2) 表现标准语言

表现标准语言在网页中主要对网页信息的显示进行控制，简单地说就是修饰网页信息的显示样式，主要包括CSS。

(3) 行为标准语言

行为标准语言是ECMA制定的行为标准。

行为标准语言在网页中主要对网页信息的结构和实现进行逻辑控制，简单地说，就是动态控制网页的结构和显示，实现网页的智能交互。

简单来讲，Web标准提出的就是一种静态HTML页面的制作标准。本意是实现内容(结构)和表现分离，就是将样式剥离出来放在单独的CSS文件中。这样做的好处是实现了结构和表现的分离。

目前，绝大部分网站已经使用Web标准布局技术来实现。在使用Web标准布局技术制作网页时，通常使用页面分块标记div来划分页面区域，然后通过CSS定义页面各元素的样式。其优点是网站设计代码规范、简洁，增加了关键字占网页总代码的比重，实现了搜索引擎的优化。Web 2.0的提出和应用给IT行业带来了新的技术革新。

2. 兼容性

CSS技术还没有被浏览器统一支持，不同浏览器对应的CSS属性不尽相同，兼容性给网页设计者带来很多困扰，同一页面要在不同的主流浏览器上运行以进行测试。但随着越来越多的浏览器开始向标准靠拢，这一缺点将不再是个大问题。

项目3 "爱上路旅游公司" 网站制作

【情境描述】

经过三个月的见习，经理观察到，唐君已经扎实掌握基础编码知识，而且学习能力和合作能力都很好，因此唐君顺利通过见习，正式成为"蓝德科技"公司的一名网页设计师，经理将最近接到的订单"爱上路旅游公司"网站交给唐君全权负责，来完成网站的规划、设计、制作和发布。

项目3-1 网页规划

【情境描述】

唐君接到订单后，订单上有"爱上路旅游公司"的联系人和联系电话，唐君浏览相关网站资源，又通过销售部门了解了公司的基本情况，然后给"爱上路旅游公司"的联系人打了电话，为制作网站规划书做准备。

【教学目标】

能力目标
- 能与客户交流，了解网站栏目及各栏目所要展现的内容；
- 能根据客户需求、企业背景、网站方案所提供的信息，完成网页设计规划书。

知识目标
- 了解网页规划书编写方法

素质目标
- 能主动和客户沟通，通过交谈，帮助客户确定预期效果；
- 能用简单、平实的语言告知客户需要准备的素材(企业Logo、企业简介、企业图片资料)。

【教学实施】

任务3-1-1　网站规划

【任务引入】

本次任务是完成网站规划书的编写。

【学习任务】

(1) "爱上路旅游公司"介绍

"爱上路"立志要把一段旅行变成爱情的见证地,亲情的庆祝地,友情的升华地。这就是Miao和Rain,两个在欧洲居住近20年的女子,两个满世界疯玩的女子,两个天天做梦要与众不同的女子,最美好和最执着的梦想。

连同一群旅游行业的朋友,她们共同创建了爱上路旅游公司,在瑞士注册(公司注册名Love On Road GmbH,直译是"爱上路有限责任公司")。它提供在欧洲私人定制的蜜月游、结婚纪念日游、庆典游、闺蜜游、惊喜游、父母游等深度精品旅游。

(2) 销售提供的"爱上路旅游公司"的网站栏目如图3-1-1-1所示。

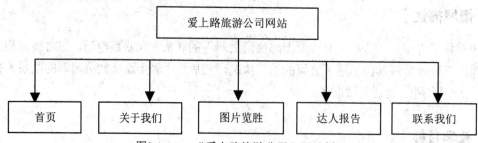

图3-1-1-1　"爱上路旅游公司"网站栏目

(3) 同学分组,分别扮演客户和设计师,进行模拟沟通,向客户了解设计方面的需求,获取客户方相关资料(企业图片、文件资源)及各网页中主要显示的内容。

(4) 浏览资源网站、模板网站,寻找设计灵感。确定各个页面的结构图,即主页、"关于我们"页、"图片览胜"页、"达人报告"页和"联系我们"页,分别如图3-1-1-2、图3-1-1-3、图3-1-1-4、图3-1-1-5、图3-1-1-6所示。

【相关知识】

1. 网站规划

本文所指网站规划的含义是:网页设计师在着手设计网页效果图前,先和客户及销售人员沟通,获取设计所需的信息。通常获取的信息主要如下:

(1) 网站包含的栏目,即导航。

(2) 网站主页要展现的内容(主页通常能展示企业文化的内容)。

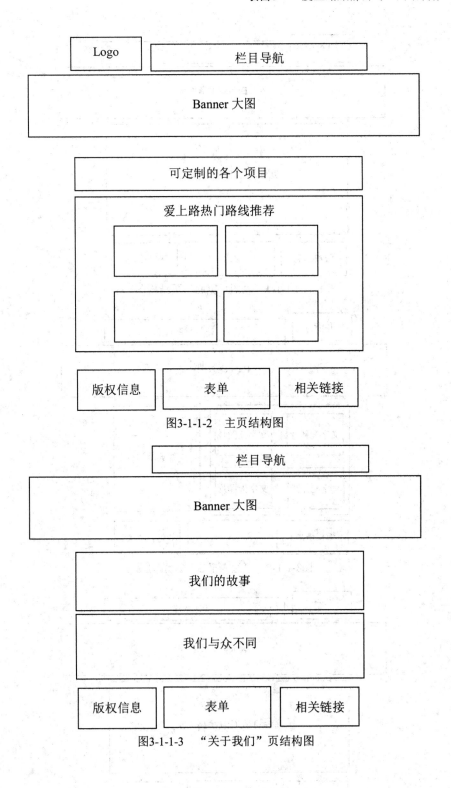

图3-1-1-2　主页结构图

图3-1-1-3　"关于我们"页结构图

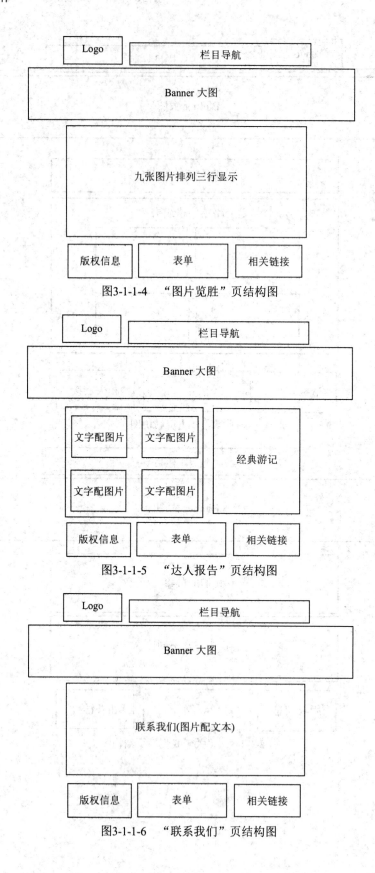

图3-1-1-4 "图片览胜"页结构图

图3-1-1-5 "达人报告"页结构图

图3-1-1-6 "联系我们"页结构图

(3) 各栏目下的内容有哪些要求。

(4) 网站主色调。

(5) 网站内容区大小。

(6) 特殊效果要求。

(7) 是否有参考网站。

(8) 网站的Logo是否需要设计。

(9) 获取企业介绍、企业图片等相关资料。

2. 资源网站

设计师在网页设计前,要先浏览资源网站和模板网站,寻找设计灵感。下面推荐几个网站资源供参考。

(1) 千图网:http://www.58pic.com。

(2) 昵图网:http://www.nipic.com/index.html。

(3) 68design:http://www.68design.net/。

【考核任务】

成果:完成"爱上路旅游公司"网站规划书的编写(网站规划书内容如图3-1-1-7所示)。

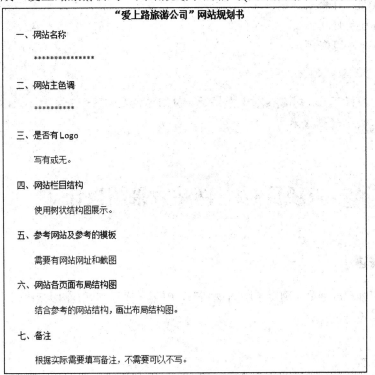

图3-1-1-7 网站规划书

考核要点:规划书中各项目详尽全面。

【任务小结】

本任务通过制作网站规划书，来练习沟通、查找资料、整理思路、规划内容的能力。

【拓展训练】

团队共同探讨制作一个网站，确定栏目、主色调等，然后根据讨论结果制作一份规划书。

项目总结

本项目是网页设计师在设计效果图前所做的准备工作。有了充分的准备，就可以得心应手地设计网页效果图了。

知识拓展

在一个网络公司中，销售部门通常负责完成市场调研，和客户做先期的沟通，获取客户需求，完成清晰的需求分析，为客户指定网站制作方案，并签订合同。

网站方案包含内容，不同的公司方案内容有所区别，但主要内容如下：

(1) 网站定位

(2) 网站结构方案

(3) 网站技术方案

(4) 网站推广方案

(5) 网站开发时间表

(6) 网站建设投资预算

说明：

沈阳蓝德科技有限公司在素材中提供了一份网站方案，这部分内容不是本教材要讲述的内容，仅供有兴趣的读者参考。

项目3-2　网站效果图设计

【情境描述】

唐君在和客户沟通后，确定了网站规划书，浏览了参考网站，初步构思了网页设计效果。接下来要着手设计网站了。

【教学目标】

能力目标

● 能使用Photoshop设计Logo；

- 能根据网站规划书，使用Photoshop设计网页效果图。

知识目标

- 掌握图片Logo的设计方法；
- 掌握网页效果图的设计方法。

【素质目标】

- 能主动和客户沟通，通过交谈，帮助客户确定预期效果；
- 能用简明、平实的语言告知客户需要准备的素材(企业Logo、企业简介、企业图片资料)。

【教学实施】

任务3-2-1　设计网站Logo

【任务引入】

经过与客户的沟通，客户要求设计师为其设计一款适合的Logo。本任务将设计Logo。

【学习任务】

制作一个简单的Logo，操作步骤见视频素材(Logo的制作)。由于这不是本教材重点讲述的内容，因此这里不再赘述。

参考http://jingyan.baidu.com/article/219f4bf7d3ed82de442d383e.html。

【相关知识】

1. Logo设计基础介绍

Logo是网站的标志，标志可以是中、英文字母，也可以是符号、图案等。标志的设计创意应当来自网站的名称和内容。比如：网站内有代表性的任务、动物、植物，可以用它们作为蓝本，加以卡通化或者艺术化；专业网站可以本专业有代表性的物品作为标志。最常用、最简单的方式是用自己网站的英文名称作为标志，采用不同的字体、字母的变形、字母的组合很容易就能制作好自己的标志。

设计Logo时，根据应用的各种条件指定相应规范，这对指导网站的整体建设具有极现实的意义。需要确定Logo的标准色，设计恰当的背景配色体系、反白，在清晰表现Logo的前提下指定Logo的最小显示尺寸，为Logo指定一些特定条件下的配色、辅助色带等。另外应注意文字与图案边缘应清晰，字与图案不宜交叠。另外还可考虑Logo竖排效果。

一个网络Logo不应只考虑在高分辨屏幕上的显示效果，应该考虑网站整体发展到一定高度时相应推广活动所要求的效果，使其在应用于各种媒体时，都显得美观得体；应使用能给予多数观众好感的、受欢迎的造型。

所以应考虑到Logo在传真、报纸、杂志等纸介质上的单色效果、反白效果，在织物上的纺织效果，在车体上的油漆效果，制作徽章时的金属效果，墙面立体的造型效果等。

为便于Internet上信息的传播，需要遵循统一的国际标准。其中关于网站的Logo，目前有三种规格：

(1) 88*31是Internet上最普遍的Logo规格。

(2) 120*60规格适用于一般大小的Logo。

(3) 120*90规格适用于大型Logo。

设计原则：

(1) 简洁

(2) 在黑色和白色底色下均能良好显示

(3) 在小尺寸下能良好显示

(4) 在众多情况下能良好显示(如产品包装上，广告上等)

(5) 通常要包含公司名

(6) 作为公司的市场营销和品牌进行管理，能充分展示公司的沟通意图

Logo的设计手法主要有以下几种：

(1) 表象性手法

(2) 表征性手法

(3) 借喻性手法

(4) 标识性手法

(5) 卡通化手法

(6) 几何图形构成手法

(7) 渐变推移手法

2. Logo设计工具

Logo设计工具有很多，目前主要有Photoshop、CorelDRAW、Illustrator、AutoCAD等主流软件。本教材使用Photoshop CS6。

Adobe Photoshop CS6是Adobe公司旗下最出名的图像处理软件之一，集图像扫描、编辑修改、图像制作、广告创意、图像输入与输出于一体，深受广大平面设计人员和电脑美术爱好者的喜爱。

2012年4月24日，Adobe发布了Photoshop CS6的正式版。

说明：
学习本课程前，读者应具备基本的Photoshop使用能力。本教材不重点介绍Photoshop的使用，没有基础的可以通过视频自学，素材中提供了基础Photoshop自学视频。

3. Logo设计参考网站

(1) Logo设计网：http://www.cnlogo8.com/

(2) 免费Logo在线制作网：http://www.uugai.com/

(3) Logo设计欣赏网：http://www.logoquan.com/

(4) 懒人图库：http://www.lanrentuku.com/sort/logo/

(5) Logo设计模板：http://www.25xt.com/uidesign/9268.html

说明：

一个好的Logo设计需要耗费设计师很多精力，去思考、去创意。Logo设计不是本教材重点讲述的内容，因此，掌握基本的设计方法，能够设计出Logo即可。有兴趣重点研究Logo设计的读者可通过网上资源或相关书籍自行深入学习。

【考核任务】

成果：结合旅游公司的特点，设计"爱上路旅游公司"网站Logo。

考核要点：

(1) 设计简洁

(2) 符合旅游公司特点

(3) 具有可读性

【任务小结】

本任务通过Logo设计，了解Logo的设计原则，了解Photoshop设计简单Logo的方法。

【拓展训练】

为自己的团队网站设计一个Logo。

任务3-2-2　设计网页效果图

【任务引入】

本任务设计完成"爱上路旅游公司"网站各页面的效果图。

【学习任务】

使用PhotoShop图像处理软件，设计"爱上路旅游公司"网站的主页面及各子页面。设计的网页效果如图3-2-2-1(网站主页)、图3-2-2-2("关于我们"页)、图3-2-2-3("图片览胜"页)、图3-2-2-4("达人报告"页)、图3-2-2-5("联系我们"页)、图3-2-2-6(旅游线路详情页)。可在配书电子资料中找到这些设计图文件。

图3-2-2-1   网站主页

图3-2-2-2   "关于我们"页

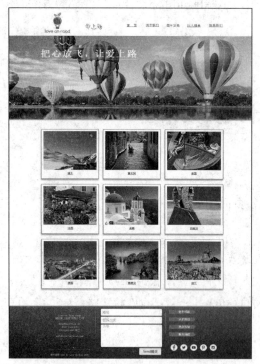

图3-2-2-3   "图片览胜"页

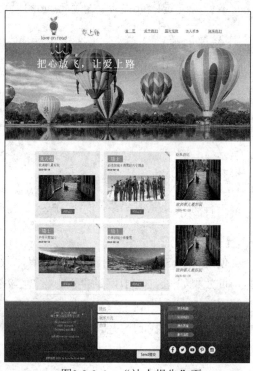

图3-2-2-4   "达人报告"页

图3-2-2-5 "联系我们"页

图3-2-2-6 旅游线路详情页

【相关知识】

1. 设计师要怎样和客户沟通

通常情况下,网页设计师需要先设计出网站主页面,然后将主页设计图发送给客户,将自己的设计想法和客户进行沟通,然后按照客户的修改意见进行修改。有时只需要修改即可满足客户。有时要多次修改,甚至推翻之前的设计思路彻底重做。这些比较考验设计师的耐力和对客户的引导力。

因此网页设计师和客户沟通不能随意而为,要遵循一些基本原则再结合自己的工作经验,才能收到事半功倍的效果。网页设计师与客户更好地交流的基本方法简述如下:

(1) 交流方式因客户而异(与不同的客户采用不同的交流方式)。

(2) 你要专业(作品、方案要把想法表述出来)。

(3) 准备充分(多准备几个备选方案)。

(4) 多出选择题,少出问答题(选择题可缩小范围,更明确)。

(5) 站在对方的角度考虑问题(让客户感觉到你在为他努力做事情)。

(6) 个人素养(交谈中多用"谢谢""请"等礼貌用语)。

2. 设计师设计效果图步骤

设计师在设计效果图之前,一定要浏览大量参考资源,做到心中有数,然后着手进行设计,步骤如下。

(1) 确定页面的宽度

因为目前主流屏幕分辨率最宽1920像素，最窄1024像素，因此页面有效内容宽度通常要在1024像素之内(具体操作步骤见素材)。

(2) 确定整体布局，在页面上将各内容区块划分好。

(3) 局部内容添加，在划分好的各区块内添加图片、文字等具体内容。

【考核任务】

成果：设计完成"爱上路旅游公司"网站主页效果图。

考核要点：

(1) 界面清晰、美观、大方。

(2) 界面结构参考图3-2-2-1。

【任务小结】

本任务主要介绍效果图的设计，以及设计师和客户的沟通方法。

【拓展训练】

(1) 设计各子页效果图，效果图如图3-2-2-2、图3-2-2-3、图3-2-2-4、图3-2-2-5、图3-2-2-6所示。同学们可根据参考图的结构，自行设计出美观大方的效果图。

(2) 设计团队网站各页面效果图，小组成员可每人设计一个页面。

项目总结

本项目通过效果图的设计，来了解网页的结构特点以及网页效果图的设计方法，能够根据素材资源自行设计网站各页面效果图。

知识拓展

Logo是网站的必备要素，也是企业在网络上的重要标志，可是有些企业往往都不重视Logo的设计。为能让网站挂上Logo，美工就随便找几个元素组合起来，这样做出来的Logo连美观都谈不上，更不用说什么创意了。那网站Logo应具备哪些网络营销要点呢?下面就来具体介绍。

1. 彰显品牌

对于百度那个脚印形状的标记，我们大家都印象深刻，只要看到那个脚印就知道是百度，而百度这个品牌已经深深印在了它的Logo上，让人一看到Logo就想到百度这个品牌。

2. 增强用户记忆

有很多网站，我们往往是记住了它们的Logo，却不记得它们的域名，因为域名太长或者太复杂，而Logo是独一无二的，能代表一个网站，所以让用户看了之后就会加深对网站的印象，看到Logo就知道是哪个网站。

3. 提升形象

当我们看到一个Logo设计得栩栩如生的时候,心里就暗暗给这个企业加分,因为在Logo里面我们可以看到一个企业的整体信息,这些信息能告诉我们这是怎样的一个团队、这个团队具备什么样的影响力,所以一个好的Logo对提升企业的形象有很大的作用。如果是一个劣质Logo,毫无创造力,那相信很多人都不会给这个企业评高分。

4. 具备宣传力

一个出色网站的Logo一般可以为用户传达很多信息,比如网站的名称、网址、宣传语等,如果一个Logo能把这些信息全部传达给用户的话,那用户不用怎么花时间去了解,也可以从Logo中知道这个网站是做什么的。

项目3-3 网站主页制作

【情境描述】

唐君经过和客户的沟通交流,对网页效果图进行了几次修改,终于得到客户的认可。接下来要进行网站主页的制作,制作前唐君和同事们探讨了网页制作要使用的工具。

【教学目标】

能力目标
- 能熟练使用Brackets软件制作网页;
- 能使用CSS控制网页布局;
- 能应用CSS控制列表实现网页导航;
- 能应用盒模型布局网页内容;
- 能正确设置表单样式。

知识目标
- 理解CSS元素常用的3个分类(块级元素、内联元素、列表元素);
- 掌握盒模型;
- 掌握网页布局:流式布局、浮动布局、层布局。

素质目标
- 具有精益求精的工作态度,制作的网页文件目录层次清晰,页面整洁、条理清晰;
- 具有自学能力和钻研精神,经常浏览论坛及网站了解网页制作知识,主动学习网页制作前沿技术。

【教学实施】

任务3-3-1　规划与建立站点目录结构

【任务引入】

网页制作前要明确站点目录结构，还要明确制作网页要使用的工具，这是本任务要解决的问题。

【学习任务】

1. 建立网站目录

(1) 在D盘下建立文件夹，命名为love-on-road。

(2) 在love-on-road文件夹下新建三个文件夹：images文件夹(用于存放图片)、css文件夹(用于存放样式文件)、js文件夹(用于存放JavaScript文件)。

2. 使用Brackets建立一个HTML文档

(1) 打开Brackets软件

(2) 执行File|Open Folder命令，在打开的对话框中，找到站点根文件夹(love-on-road)，如图3-3-1-1所示。然后单击"选择文件夹"按钮。

图3-3-1-1　选择项目根目录文件夹

(3) 打开站点目录，如图3-3-1-2所示。

(4) 在左侧js下方空白处右击，在打开的快捷菜单中，选择New File(新建文件)。如图3-3-1-3所示。

图3-3-1-2　站点目录

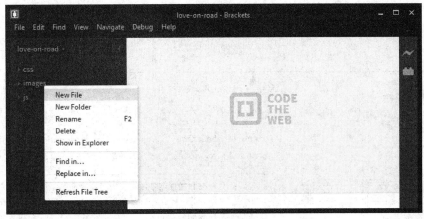

图3-3-1-3　　新建文件

(5) 在新建的文件上直接输入文件名demo.html(如果没有直接输入名称,文件默认名为Untitled-1,可在该文件上右击,选择快捷菜单中的Rename(重命名),然后键入需要的名称)。

(6) 双击demo.html,则在右侧编辑区打开该文件。在文档中输入2-1-1.html页面的代码。如图3-3-1-4所示(此时左上方的demo.html文件的左侧有个小圆点,表示文档尚未保存)。

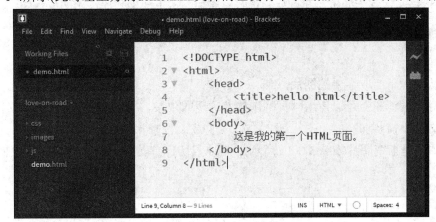

图3-3-1-4　　输入代码

(7) 执行Ctrl+S快捷键，保存该文档(保存后的文档，左侧小圆点消失。通常通过看小圆点是否存在来确定文档是否被保存)。

(8) 单击预览按钮，或执行快捷键Ctrl+Alt+P，即可自动调用Google Chrome浏览器预览执行结果(电脑中要提前安装Google Chrome浏览器)。

【相关知识】

1. 目录结构介绍

通常在网页制作前，要规划好站点目录。即以网站名称命名的文件夹作为根目录，然后在根目录下新建用于存放图像的images文件夹，用于存放CSS样式文件的css文件夹，用于存放JavaScript文件的js文件夹。然后建立其他相关网页文件，文件目录如图3-3-1-5所示(以"爱上路旅游公司"网站为例)。

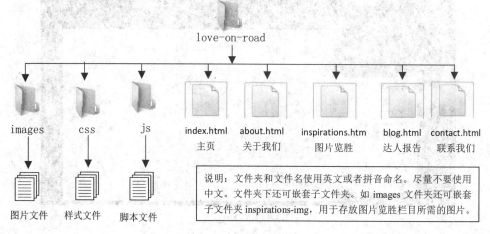

图3-3-1-5　文件目录结构图

2. 切网页效果图介绍

网页在制作之前要先使用图形图像工具(如Photoshop)进行网页效果图的设计，设计稿通过客户审核后，在制作网页前或制作网页时，要把网页上的图片切成小图保存到images文件夹下。

切图原则：

- 从上到下切取需要的图片；
- 对于设计图上可以使用网页制作技术实现的效果，不需要切图；
- 文字不需要切图；
- 如果是渐变图片(如图3-3-1-6所示)，可以只切1像素的宽度即可，在实现时使用背景填充。

图3-3-1-6 渐变图片

切图方法(详细介绍见视频资料):

(1) 使用工具栏上的"切片工具"。

在图像上分出多块区域。执行Ctrl+Alt+Shift+S将输出切片文件。这种方法速度快,可同时保存所有图片文件,适合在制作网页前切图使用。

(2) 使用矩形选择工具。

在图像上选择要切下来的图片,然后按Ctrl+C复制该选区,然后执行Ctrl+N新建文件,再按Ctrl+V键将复制的选区粘贴到新建的文件里,最后执行Ctrl+S保存该新建的文件。这种方法每次只能保存一幅图片,适合制作网页期间随用随切时使用。

3. 网页制作工具介绍

对于网站制作者来说,了解常用的网页制作软件及功能是必备的基础。下面介绍几款常用的网页制作软件。

EditPlus是由韩国Sangil Kim公司(ES-Computing)出品的一款小巧但是功能强大的可处理文本、HTML和程序语言的Windows编辑器,是一套可取代记事本的文字编辑器。它也是一个非常好用的HTML编辑器,支持颜色标记、HTML标记,对于习惯用记事本编辑网页的朋友,使用它可节省一半以上的网页制作时间。该软件适用于初学者。

Dreamweaver网页制作软件是所见即所得网页编辑器,容易操作,该软件已成为专业级网页制作程序,支持HTML、CSS、PHP、JSP以及ASP等众多脚本语言的语法着色显示,同时提供了模板套用功能,支持一键式生成网页框架功能。是初学者或专业级网站开发人员必备的选择工具。

Sublime是一个代码编辑器(Sublime Text 2是收费软件,但可以无限期试用)。Sublime Text是由程序员Jon Skinner于2008年1月开发出来。它量级轻、简洁、高效、跨平台,方便的配色以及兼容vim快捷键等各种优点博得了很多前端开发人员的喜爱。

HBulider是DCloud(数字天堂)推出的一款支持HTML5的Web开发IDE。HBuilder主体由Java编写,它基于Eclipse,自然兼容Eclipse的插件。快捷是HBuilder的最大优势,通过完整的语法提示和代码输入法、代码块等,大幅提升HTML、JavaScript、CSS的开发效率。

Webstorm是jetbrains公司旗下的一款JavaScript开发工具。目前已经被广大中国JS开发者誉为"Web前端开发神器"、"最强大的HTML5编辑器"、"最智能的JavaScript IDE"等。

Brackets是一个免费、开源且跨平台的HTML/CSS/JavaScript前端Web集成开发环境(IDE工具)。该项目由Adobe创建和维护。特点是简约、优雅、快捷!它没有很多视图或者面板,也没太多花哨的功能,它的核心目标是减少在开发过程中那些效率低下的重复性工作,专门用于Web前端开发。

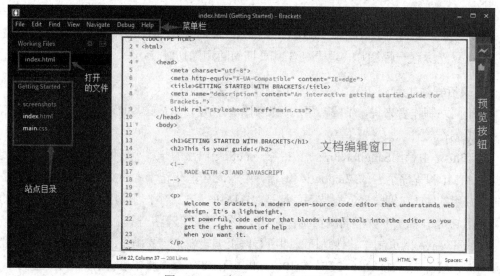

免费开源跨平台的 Web 前端开发工具 (HTML/CSS/JS 编辑器)

本教材选择专为Web前端开发而生的软件Brackets。Brackets可通过官网http://brackets.io/下载。目前最新版是Brackets1.8(素材中提供)。

Brackets软件安装简单，这里不再详述。

Brackets界面及使用方法介绍如下。

(1) Brackets的工作界面

打开Brackets，整个界面很简洁，如图3-3-1-7所示。顶部为菜单栏。左侧为项目组织结构的文件树，使用Ctrl+Alt+H可以打开和关闭文件树。右侧为编辑区。

图3-3-1-7　默认Brackets工作界面

(2) 打开项目

执行File | Open Folder命令打开项目文件夹，左侧文件树项目名更新为项目文件夹名，文件树更新为当前项目的文件树。

在项目名上左击，弹出项目编辑菜单，编辑菜单会显示历史项目以及项目编辑命令Open Folder(打开新的项目)。

(3) 新建文件

在站点目录下的空白处，单击鼠标右击，执行New File，会新增一个文件，直接给文件命名(命名时注意，如果是HTML文件，扩展名.html不能省略)，执行回车键，即新建了一个文档，并在编辑窗口中打开文档。在打开的空白文档里就可以输入html标签了，输入后执行Ctrl+S快捷键将文件保存。

说明：

在输入html标签时，Brackets具有代码提示功能，而且写完开始标签后，在输入>时，结束标签自动与之匹配，不必重复输入。

(4) 预览文件

Brackets提供网页即时预览功能。使用该功能时(单击界面右侧的预览按钮 ∕∖ 即可), Brackets调用Chrome浏览器打开当前页面,此后修改HTML、CSS、JavaScript并保存后,所修改的内容会即时在浏览器中的页面呈现,无须手动刷新页面。这是Brackets最大的一个亮点。如有两个显示器,可以分屏显示Brackets和Chrome,在修改的同时预览效果,不必切换编辑器/浏览器和刷新页面。

成功连接Chrome浏览器,界面右侧的预览按钮将变成橙色 ∕∖ ,表示连接成功。

(5) 部分快捷键

Ctrl+Alt+H可以打开与关闭文件树

Ctrl+E用于快速预览/编辑CSS样式和JavaScript函数

Ctrl+"+/-"放大缩小编辑区字体大小

Ctrl+0用于重置编辑区字体大小

Ctrl+Alt+P用于打开即时预览功能

Ctrl+/用于行注释

【考核任务】

成果:创建网站目录;利用Brackets制作一个简单网页。

考核要点:目录结构清晰,Brackets下站点建立正确,能在Brackets软件下调用Google Chrome浏览网页。

【任务小结】

本任务可以让学生对Brackets的基本应用有初步的认识。

【拓展训练】

为团队网站创建站点目录。

任务3-3-2 制作主页整体布局

【任务引入】

使用Brackets软件制作主页整体布局。

【学习任务】

【任务1】理解盒模型。

描述:向页面中添加div标签,然后在div里插入一幅图片。

操作步骤:

(1) 在D盘新建一个文件夹命名为3-3,再在3-3文件夹下新建一个子文件夹命名为3-3-2。

(2) 在3-3-2文件夹下建立子文件夹images,将pic1.jpg复制到images文件夹下。

(3) 打开Brackets软件。执行New | Open Folder，在打开的对话框中选择"D盘"|3-3|3-3-2。

(4) 在打开的3-3-2站点下，执行File | New，在新建的文件上右击，选择Save保存该文件，命名为3-3-2-1.html(扩展名.html不能省略)。如图3-3-2-1所示。

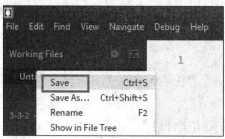

图3-3-2-1 保存新建的文件

(5) 在右侧代码编辑区中写入代码。在写入图片代码输入<img src=时，会有下拉提示，选中images后，会继续提示images文件夹下的文件，如图3-3-2-2所示，直接回车即可完成src路径的书写，最后写>，即完成img标签的书写(Brackets软件有代码提示功能，很多标签的属性都可用这种方法直接选择，不需要书写)。

```
1    <!DOCTYPE html>
2 ▼  <html>
3 ▼      <head>
4            <title>理解盒模型案列</title>
5        </head>
6 ▼      <body>
7            <div><img src="images/"></div>
8        </body>                        images/pic1.jpg
9    </html>
```

图3-3-2-2 图片代码输入技巧

说明：
在Brackets中可预览插入的图片及图片的宽度和高度。如图3-3-2-3所示。

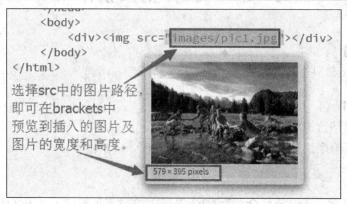

图3-3-2-3 预览图片技巧

(6) 继续编写CSS代码，完整的页面代码如图3-3-2-4所示。

```
1   <!DOCTYPE html>
2   <html>
3       <head>
4           <title>理解盒模型案列</title>
5           <style type="text/css">
6               div{
7                   width: 579px;
8                   height: 395px;
9                   margin: 20px;
10                  padding: 30px;
11                  border: solid 10px red;
12                  background-color: blueviolet;
13              }
14          </style>
15      </head>
16      <body>
17          <div><img src="images/pic1.jpg"></div>
18      </body>
19  </html>
```

图3-3-2-4　3-3-2-1.html完整代码

(7) 预览页面运行结果，在红色边框上右击选择"检查"，打开如图3-3-2-5所示的窗口。

图3-3-2-5　预览结果

【任务2】理解标准流模型布局。

描述：

(1) 在页面中插入三个宽度为100%的块级元素div、h1、p，插入一个宽度为300px的div。

(2) 再在下面插入内联元素a、span、em、strong。

操作步骤：

(1) 打开Brackets软件，在3-3-2站点下，新建3-3-2-2.html文件。

(2) 在文件里输入代码，如图3-3-2-6所示。

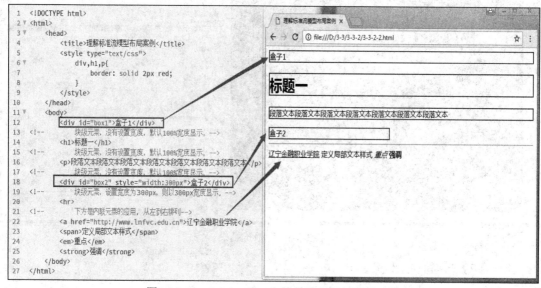

图3-3-2-6　3-3-2-2.html文件代码

(3) 运行结果如图3-3-2-7所示。

图3-3-2-7　3-3-2-2.html文件代码和运行结果对照

【相关知识】

1. HTML 标签元素的分类

在CSS中，HTML中的标签元素大体被分为三种不同的类型：块级元素(block level element)、内联元素(inline element)和内联块元素(inline-block element)。

(1) 块级元素特点

1) 每个块级元素都从新的一行开始,并且其后的元素也另起一行。即一个块级元素独占一行。

2) 元素的高度、宽度、行高以及顶边距和底边距都可设置。

3) 元素宽度默认为父容器的100%(和父元素宽度一致),也可另行设定宽度。

4) 块级元素内可包含其他块级元素和内联元素。

常用的块状元素有:

`<div>、<p>、<h1>...<h6>、<ol>、<ul>、<dl>、<table>、<address>、<blockquote> 、<form>`

(2) 内联元素特点

1) 内联元素不独占一行,和其他临近的元素排在同一行中,直到宽度超出包含它的容器宽度时才自动换行;

2) 元素的高度、宽度、行高及顶部和底部边距不可设置;

3) 元素的宽度就是它包含的文字或图片的宽度,不可改变。

常用的内联元素有:

`<a>、<span>、<br>、<i>、<em>、<strong>、<label>、<cite>、<code>`

(3) 内联块元素同时具备内联元素、块状元素的特点

1) 和其他元素都在一行上;

2) 元素的高度、宽度、行高以及顶边距和底边距都可设置。

常用的内联块元素有:

`<img>、<input>`

2. 分区标签<div>

<div>标签是块级元素,可将文档分隔为独立的、不同的部分,用于定义文档的分区,没有特定语义。因此,在制作网页时,页面布局中的区块通常用div标签来定义(HTML5中增加了一些有语义的标签用来定义区块,本教材不做讲述,可自行学习)。

<div>标签有id和class属性,id用于标识单独的、唯一的元素,class用于元素组,即同一类的元素。id和class的取值规范如下:

(1) 采用英文字母、数字以及"-"命名,以小写字母开头,不能以数字和"-"开头。

(2) 如为一个单词,则全部小写,如为多个单词,中间用"-"连接。

(3) 命名要符合语义,要根据功能来命名,不要根据表现来命名。id命名要唯一,class命名要考虑重复使用。

3. CSS 盒模型

在浏览器中,每个html元素都会被解析为一个装有东西的盒子。盒子本身有自己的边框(Border),盒子里的内容到盒子边框的距离称为填充(Padding),盒子边框与其他盒子之间的距

离为边界(Margin)。

在CSS模型设计中，元素真实的宽度和高度不仅由width和height来决定，还包括内边距、外边距和边框。如图3-3-2-8所示。

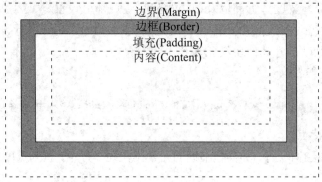

图3-3-2-8　CSS盒模型

示例代码如图3-3-2-9所示。

```
1   <!DOCTYPE html>
2 ▼ <html>
3 ▼    <head>
4        <title>盒模型</title>
5        <style type="text/css">
6 ▼         div{
7               width: 200px;
8               height: 100px;
9               margin: 10px;
10              padding: 10px;
11              border:  solid 20px green;
12          }
13       </style>
14    </head>
15 ▼  <body>
16       <div>box1</div>
17    </body>
18 </html>
```

图3-3-2-9　盒模型示例代码

说明：
　　每个HTML元素都是一个盒子，都有默认的填充(padding)、边界(margin)，在不同的浏览器中，默认的填充、边界值不同，为实现浏览器兼容，通常在定义样式时，要初始化填充、边界。*{margin:0;padding:0;}将所有元素的边界和填充都定义为0。

4. 网页布局模型

网页里的任何元素都可以视为CSS盒子，进行网页制作时，必须进行布局与定位，通常CSS包含3种基本的布局模型：流动模型Flow、浮动模型Float(任务3-3-3中介绍)、层模型Layer(任务3-4-3中介绍)。

流动模型也称为标准流模型，是默认的网页布局模式。也就是说网页在默认状态下的

HTML网页元素都根据流动模型来布局网页内容。

流动布局模型具有两个比较典型的特征：

(1) 块级元素都在所处的包含元素内自上而下按顺序垂直分布，以行的形式占据位置。

(2) 内联元素都在所处的包含元素内从左到右水平分布显示。

【考核任务】

成果：按照自己设计的主页效果图，完成主页整体布局的代码编写。

任务提示：

(1) 分析主页效果图

在Photoshop中打开主页效果图，分析其页面主体布局结构，并在Photoshop中测量出每块区域的高度和宽度。如图3-3-2-10所示(header、main、footer可用三个分区标签div来定义，然后分别在样式中定义三个区域的宽度和高度)。

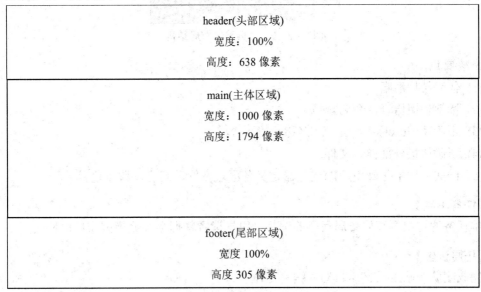

图3-3-2-10　主页整体布局结构

说明：

此处设置高度是为了能够看到布局效果。实际在制作网页时，通常不设置高度，高度随内容而变化。

(2) 新建index.html文件，编写HTML结构代码。

(3) 在css文件夹下新建style.css文件，编写CSS样式代码。

(4) 将style.css文件链接到index.html文件中。

(5) 预览运行结果如图3-3-2-11所示(背景色仅供区分区块位置，读者可以自行设置喜欢的颜色)。

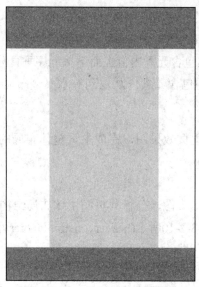

图3-3-2-11 主页整体布局结构

考核要点：

(1) 代码结构清晰。

(2) 标签使用恰当，命名规范。

(3) 正确使用div标签，定义id名称正确。

(4) 正确链接外部样式文件。

(5) 样式文件中正确使用ID选择器定义各区块宽度、高度、背景色。

【任务小结】

本任务通过主页整体布局代码的编写，引导读者掌握标准流模型布局的应用方法。

【拓展训练】

完成团队网站主页整体布局的编写工作。

任务3-3-3 布局主页header区域

【任务引入】

完成主页效果图header区域的页面布局。

【学习任务】

【任务1】浮动属性的应用

描述：使用浮动属性实现竖排效果。

操作步骤：

(1) 在D盘3-3文件夹下新建一个子文件夹，命名为3-3-3。

(2) 打开Brackets软件。执行New | Open Folder,在打开的对话框中选择"D盘"|3-3|3-3-3。

(3) 在打开的3-3-3站点下,执行File | New,在新建的文件上右击,选择Save保存该文件,命名为3-3-3-1.html(扩展名.html不能省略)。

(4) 在右侧代码编辑区中写入代码。如图3-3-3-1所示。

```
1   <!DOCTYPE html>
2 ▼ <html>
3 ▼   <head>
4         <title>浮动属性的应用</title>
5         <style type="text/css">
6 ▼         .left-float{
7                 width: 300px;
8                 height: 200px;
9                 border: solid 2px red;
10            }
11        </style>
12    </head>
13 ▼ <body>
14        <div class="left-float">盒子1</div>
15        <div class="left-float">盒子2</div>
16    </body>
17 </html>
```

图3-3-3-1　竖直布置两个盒子

(5) 预览3-3-3-1.html页面的运行结果,如图3-3-3-2所示。

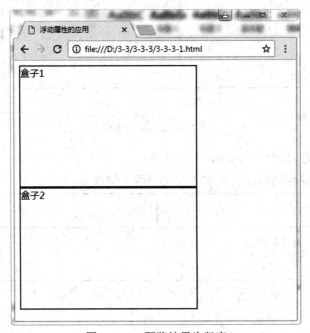

图3-3-3-2　预览结果为竖直

(6) 在3-3-3-1.html样式代码中增加一句float:left;,如图3-3-3-3所示。

(7) 使用浮动属性后,两个盒子变成一行。如图3-3-3-4所示。

```
1   <!DOCTYPE html>
2 ▼ <html>
3 ▼   <head>
4         <title>浮动属性的应用</title>
5         <style type="text/css">
6 ▼         .left-float{
7               width: 300px;
8               height: 200px;
9               border: solid 2px red;
10              float: left;
11          }
12        </style>
13    </head>
14 ▼  <body>
15      <div class="left-float">盒子1</div>
16      <div class="left-float">盒子2</div>
17    </body>
18  </html>
```

图3-3-3-3　添加float属性

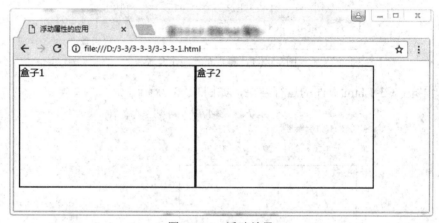

图3-3-3-4　浮动效果

【任务2】清除浮动属性的应用。

描述：使用清除浮动属性实现如图3-3-3-5所示的效果。

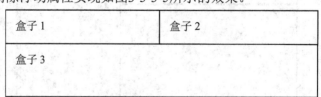

盒子 1	盒子 2
盒子 3	

图3-3-3-5　两个浮动盒子下方布置一个普通盒子

操作步骤：

(1) 打开Brackets软件。执行New | Open Folder，在打开的对话框中选择"D盘"|3-3|3-3-3。

(2) 在打开的3-3-3站点下，执行File | New，在新建的文件上右击，选择Save保存该文件，命名为3-3-3-2.html(扩展名.html不能省略)。

(3) 在右侧代码编辑区写入代码(复制3-3-3-1.html页代码，执行相应修改)。如图3-3-3-6所示。

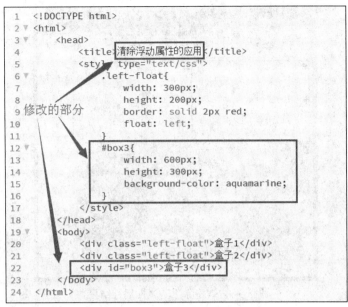

```
1    <!DOCTYPE html>
2 ▼  <html>
3 ▼     <head>
4           <title>清除浮动属性的应用</title>
5           <style type="text/css">
6 ▼            .left-float{
7                  width: 300px;
8                  height: 200px;
9                  border: solid 2px red;
10                 float: left;
11             }
12 ▼           #box3{
13                 width: 600px;
14                 height: 300px;
15                 background-color: aquamarine;
16             }
17         </style>
18     </head>
19 ▼  <body>
20         <div class="left-float">盒子1</div>
21         <div class="left-float">盒子2</div>
22         <div id="box3">盒子3</div>
23     </body>
24  </html>
```

修改的部分

图3-3-3-6　　3-3-3-2.html页面代码

(4) 预览页面效果如图3-3-3-7所示。

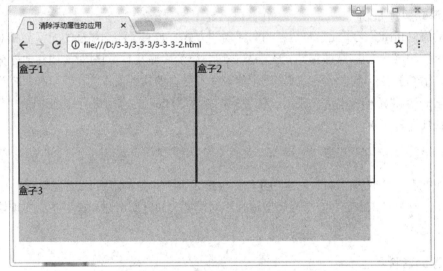

图3-3-3-7　　普通盒子认为浮动盒子不存在

(5) 在#box3中增加一条代码clear:left;，如图3-3-3-8所示。

```
12 ▼           #box3{
13                 width: 600px;
14                 height: 300px;
15                 background-color: aquamarine;
16                 clear: left;
17             }
```

图3-3-3-8　输入清除浮动属性代码

(6) 预览运行结果，如图3-3-3-9所示。

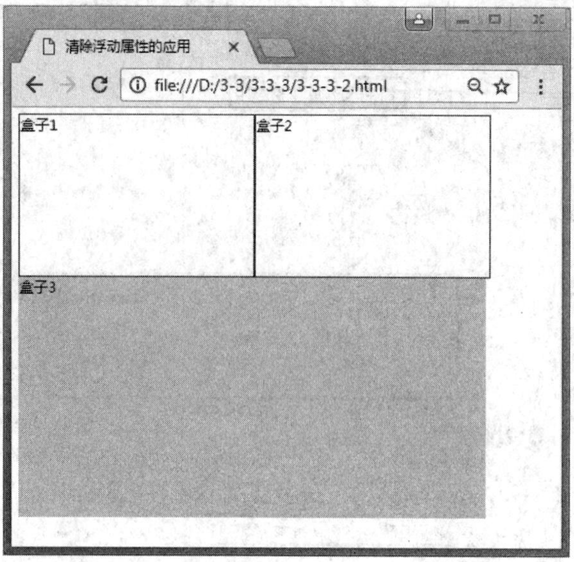

图3-3-3-9　清除浮动属性运行结果

【相关知识】

1. 浮动属性 float

浮动属性float定义了元素是否浮动和浮动的方式。定义了浮动属性的元素会相对于原位置在一个新的层次上出现(即浮动元素会从普通文档流中脱离)，同时对文档其他部分内容造成影响。相邻的多个浮动元素会按照出现的顺序和各自的属性值排列在同一行，直到宽度超出包含它的容器宽度时才换行显示。任务3-3-5中将对float的应用进行详细讲解。

语法如下：

```
float:值;
```

该属性有三个取值：none(元素不浮动)、left(元素浮动在左侧)、right(元素浮动在右侧)。

使用浮动属性float定义的布局模型称为浮动模型。通常使用浮动模型布局实现块级元素左右并排显示。

2. 浮动清除属性 clear

看似悬浮在浏览器窗口或另一个元素左侧或右侧的元素通常用float属性来设置，称为悬浮元素，其他内容将环绕在悬浮元素周围，若要停止这种环绕，应使用clear属性。clear属性取值为left(在左侧不允许浮动元素)、right(在右侧不允许浮动元素)、both(左右两侧均不允许浮动元素)和none(默认值，允许浮动元素出现在两侧)。

【考核任务】

成果：完成主页设计图header区域布局的代码编写。

考核要点：float属性的正确使用。

【任务小结】

本任务主要讲述了float属性的基本应用。

【拓展训练】

完成团队网站主页header区域布局的编写工作。

任务3-3-4　制作主页header区域

【任务引入】

本任务完成header区域内容添加。

【学习任务】

【任务1】

描述：使用display属性在一个水平行显示列表项。如图3-3-4-1所示。

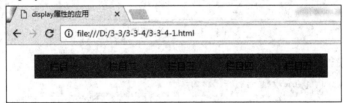

图3-3-4-1　水平显示列表项

操作步骤：

(1) 在D盘3-3文件夹下新建一个子文件夹，命名为3-3-4。

(2) 打开Brackets软件。执行New | Open Folder，在打开的对话框中选择"D盘"|3-3|3-3-4。

(3) 在打开的3-3-4站点下，执行File | New，在新建的文件上右击，选择Save保存该文件，命名为3-3-4-1.html(扩展名.html不能省略)。

(4) 在右侧代码编辑区中写入代码。如图3-3-4-2所示。

```
1    <!DOCTYPE html>
2 ▼  <html>
3 ▼      <head>
4            <title>display属性的应用</title>
5        </head>
6 ▼      <body>
7 ▼          <ul>
8                <li>栏目一</li>
9                <li>栏目二</li>
10               <li>栏目三</li>
11               <li>栏目四</li>
12               <li>栏目五</li>
13           </ul>
14       </body>
15   </html>
```

图3-3-4-2　列表代码

(5) 运行结果如图3-3-4-3所示。

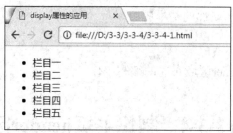

图3-3-4-3　列表运行结果

(6) 在代码编辑区<head>和</head>之间写入样式代码。如图3-3-4-4所示。

```
<style type="text/css">
    ul{
        width: 500px;
    }
    li{
        width: 100px;
        height: 40px;
        background-color: crimson;
        display: inline-block;
    }
</style>
```

图3-3-4-4　样式代码

(7) 运行结果如图3-3-4-5所示。

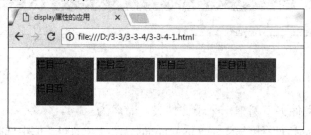

图3-3-4-5　运行结果中间有空格

(8) 标签之间默认会有空格。要去掉空格，可将两个<li>标签首尾相连。如图3-3-4-6所示。

图3-3-4-6　li标签首尾相连

(9) 修改后的运行结果如图3-3-4-7所示。此时中间的空白已经去掉，但文本靠左上。

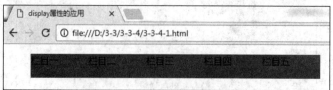

图3-3-4-7　运行结果中没有空格

(10) 修改文本对齐方式，代码如图3-3-4-8所示。水平居中使用text-align，单行垂直居中使用line-height。

```
5          <style type="text/css">
6 ▼            ul{
7                  width: 500px;
8              }
9 ▼            li{
10                 width: 100px;
11                 height: 40px;
12                 background-color: crimson;
13                 display: inline-block;
14                 text-align: center;
15                 line-height: 40px;
16             }
17         </style>
```

text-align 用于设置文本水平居中。

设置line-height的值和height的值一致，可实现单行文本垂直居中。

图3-3-4-8　修改文本对齐方式代码

(11) 预览3-3-4-1.html运行结果。3-3-4-1.html完整的代码如图3-3-4-9所示。

```
1   <!DOCTYPE html>
2 ▼ <html>
3 ▼    <head>
4          <title>display属性的应用</title>
5          <style type="text/css">
6 ▼            ul{
7                  width: 500px;
8              }
9 ▼            li{
10                 width: 100px;
11                 height: 40px;
12                 background-color: crimson;
13                 display: inline-block;
14                 text-align: center;
15                 line-height: 40px;
16             }
17         </style>
18     </head>
19 ▼  <body>
20 ▼      <ul>
21             <li>栏目一</li><li>栏目二</li><li>栏目三</li><li>栏目四</li><li>栏目五</li>
22         </ul>
23     </body>
24   </html>
```

图3-3-4-9　3-3-4-9.html完整的代码

【任务2】

描述：使大图片显示在浏览器中，不出现横向滚动条。

操作步骤：

(1) 在D盘|3-3|3-3-4文件夹下建立一个子文件夹，命名为images。

(2) 将一个宽为1421px的图片banner.jpg保存到images文件夹下。

(3) 打开Brackets软件。执行New | Open Folder，在打开的对话框中选择"D盘"|3-3|3-3-4。

(4) 在打开的3-3-4站点下，执行File | New，在新建的文件上右击，选择Save保存该文件，命名为3-3-4-2.html(扩展名.html不能省略)。

(5) 在右侧代码编辑区中写入代码。如图3-3-4-10所示。

```
1    <!DOCTYPE html>
2  ▼ <html>
3  ▼   <head>
4           <title>overflow属性的应用</title>
5
6       </head>
7       <body>
8           <div><img src="images/banner.jpg"></div>
9       </body>
10   </html>
```

图3-3-4-10　插入图片代码

(6) 我的电脑的分辨率为1366*768，因此预览结果如图3-3-4-11所示。会出现横向滚动条。

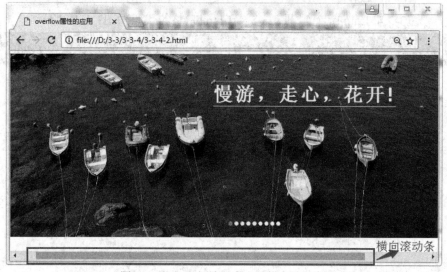

图3-3-4-11　运行结果中出现横向滚动条

(7) 在代码编辑区添加overflow属性，如图3-3-4-12所示。

```
1    <!DOCTYPE html>
2  ▼ <html>
3  ▼   <head>
4           <title>overflow属性的应用</title>
5           <style type="text/css">
6  ▼           #banner{
7                   overflow: hidden;
8               }
9           </style>
10      </head>                功能：溢出元素框的内容将不可见。
11      <body>
12          <div id="banner"><img src="images/banner.jpg"></div>
13      </body>
14   </html>
```

图3-3-4-12　添加属性

(8) 预览3-3-4-2.html结果，不再有横向滚动条，如图3-3-4-13所示。

图3-3-4-13 3-3-4-2.html运行结果

【相关知识】

1. 列表属性

CSS列表属性允许改变有序列表、无序列表项标记的默认类型，或将图像作为列表项标记。列表属性见表3-3-4-1所示。

表3-3-4-1 列表属性

属性	描述
list-style-type	设置列表项标记的类型。常见的列表符号类型的属性值有： disc：在文本前面加实心圆 circle：在文本前面加空心圆 square：在文本前面加实心方块 decimal：在文本前面加普通的阿拉伯数字 lower-roman：在文本前面加小写罗马数字 wpper-roman：在文本前面加大写罗马数字 lower-alpha：在文本前面加小写英文字母 wpper-alpha：在文本前面加大写英文字母 none：不显示任何项目符号或编号
list-style-image	将有序或无序列表项标记设置为图像
list-style-position	设置列表项标记的位置。取值为outside和inside。 outside是列表的默认属性，位置为文本以外，且环绕文本不根据标记对齐。 inside表示列表项目标记放在文本以内，且环绕文本根据标记对齐
list-style	复合属性。把所有用于列表的属性设置于一个声明中，用户可根据需要按下列顺序选择设置其中一个或多个属性： list-style-type|list-style-position|list-style-image

导航菜单是常见的网页元素，有助于页面内容的导航，业界颇具影响的网页设计师如Eric Meyer、Mark Newhouse、Jeffery Zeldman等人都提倡使用无序列表来实现导航菜单。

2. display 属性

在CSS中，display属性可修改标签元素的类型。即：

display:block;(将元素定义为块级元素)

display:inline-block;(将元素定义为内联块元素)

display:inline;(将元素定义为内联元素)

例如div是块级元素，如果想修改为内联元素，写法为display:inline;。

3. overflow 属性

overflow属性规定当内容溢出元素框时会如何处理。取值如表3-3-4-2所示。

表3-3-4-2　overflow值

值	描述
visible	默认值。内容不会被修剪，会呈现在元素框之外
hidden	内容会被修剪，并且其余内容是不可见的
scroll	内容会被修剪，但浏览器会显示滚动条以便查看其余内容
auto	如果内容被修剪，则浏览器会显示滚动条以便查看其余内容
inherit	规定应该从父元素继承overflow属性的值

【考核任务】

成果：实现header区域内容的添加。

考核要点：

(1) 大的banner图在页面上显示，浏览器不出现滚动条。

(2) 导航列表能在一个水平行显示。

【任务小结】

本任务演示如何使用display属性实现水平布局。

【拓展训练】

完成团队网站主页header区域的内容添加。

任务3-3-5　布局主页main区域

【任务引入】

使用浮动属性实现两行两列布局。

【学习任务】

【任务1】

描述：实现两行两列的布局。如图3-3-5-1所示。

图3-3-5-1　两行两列布局

操作步骤：

(1) 在"D盘"|3-3文件夹下建立文件夹3-3-5。

(2) 打开Brackets软件。执行New | Open Folder，在打开的对话框中选择"D盘"|3-3|3-3-5。

(3) 在打开的3-3-5站点下，执行File | New，在新建的文件上右击，选择Save保存该文件，命名为3-3-5-1.html(扩展名.html不能省略)。

(4) 在右侧代码编辑区中写入代码。如图3-3-5-2所示。

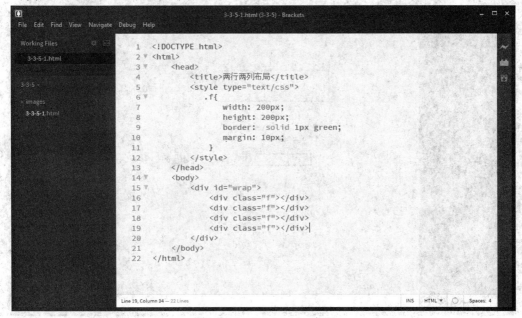

图3-3-5-2　3-3-5-2.html代码

(5) 预览3-3-5-1.html页面的运行结果，如图3-3-5-3所示。

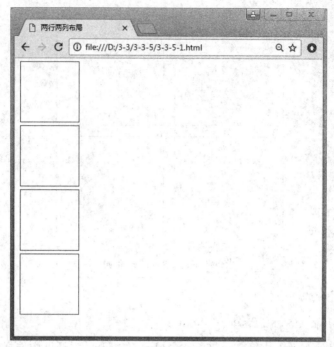

图3-3-5-3   竖直显示4个盒子

(6) 修改3-3-5-1.html的代码，如图3-3-5-4所示。

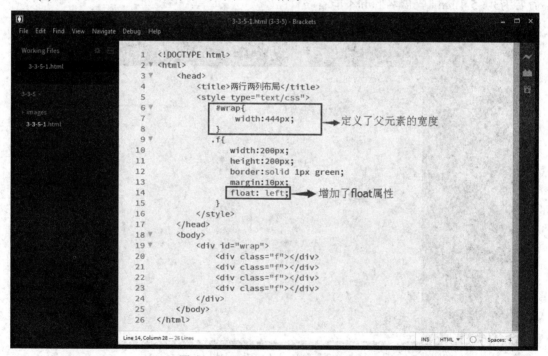

图3-3-5-4   3-3-5-1.html修改后的代码

(7) 保存后再次预览3-3-5-1.html页面的运行结果如图3-3-5-5所示。

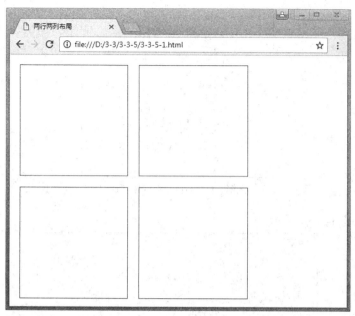

图3-3-5-5　两行两列布局

【任务2】

描述：实现如图3-3-5-6所示的布局效果。

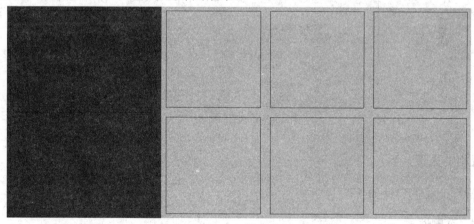

图3-3-5-6　嵌套布局

分析：在制作网页时经常遇到该布局。先从整体分析，将两个颜色的区域布局制作出来，再依次制作每个颜色区域内的布局。

代码提示：

HTML部分如图3-3-5-7所示：

```
<div id="wrap">
    <div class="left">
        <div class="l"></div>
        <div class="l"></div>
    </div>
    <div class="right">
        <div class="f"></div>
        <div class="f"></div>
        <div class="f"></div>
        <div class="f"></div>
        <div class="f"></div>
        <div class="f"></div>
    </div>
</div>
```

图3-3-5-7　HTML部分代码

CSS部分如图3-3-5-8所示。

```
<style type="text/css">
    #wrap{
        width:1000px;
    }
    .left{
        width: 334px;
        height: 444px;
        background-color: blueviolet;
        float: left;
    }
    .right{
        width:666px;
        background-color:aquamarine;
        float: right;
    }
    .l{
        height: 200px;
        border: solid 1px red;
        margin:10px;
    }
    .f{
        width:200px;
        height:200px;
        border:solid 1px green;
        margin: 10px;
        float: left;
    }
</style>
```

图3-3-5-8　CSS部分代码

【相关知识】

浮动元素的特性如下。

1. 包裹性

块(block)元素如果不指定width，默认是100%，一旦让该div浮动起来，立刻会像内联(inline)元素一样产生包裹性，宽度会跟随内容自动调整(这也是通常在处理float元素时需要手动指定width的原因)。示例代码如图3-3-5-9所示。

```
1 ▼ <div style="border:1px solid blue;">
2      <img src="images/pic_01.png" />
3    </div>
4 ▼ <div style="border:1px solid red;float:left;">
5      <img src="images/pic_02.png" />
6    </div>
```

图3-3-5-9 float包裹性示例代码

运行结果如图3-3-5-10所示。

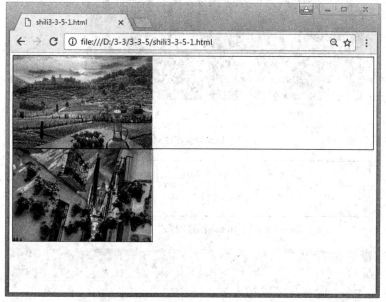

图3-3-5-10 float包裹性示例运行结果

2. 塌陷性

元素浮动之后,它脱离当前正常的文档流,所以无法撑开其父元素,造成父元素的塌陷(父元素在没有手动设定高度的前提下,其高度是由内部内容的最大高度决定的)。示例代码如图3-3-5-11所示。

```
1 ▼ <div style="border:3px solid red;">
2      <img style="float:left;" src="images/pic_02.png" />
3    </div>
```

图3-3-5-11 float塌陷性示例运行结果

运行结果如图3-3-5-12所示。

解决方法:

在父元素上增加一句代码overflow:auto。示例代码如图3-3-5-13所示。

运行结果如图3-3-5-14所示。

图3-3-5-12　float塌陷性示例运行结果

```
1 ▼ <div style="border:3px solid red;overflow:auto;">
2     <img style="float:left;" src="images/pic_02.png" />
3 </div>
```

图3-3-5-13　float塌陷性解决方法示例代码

图3-3-5-14　float塌陷性解决方法示例运行结果

浮动元素的应用：

(1) 文字环绕效果(任务3-4-4中有详细应用)。

(2) 横向菜单排列：使用float可以很轻松地实现横向菜单效果，但需要注意清除浮动，推荐使用display:inline-block来实现(任务3-3-4中就是应用display来制作的横向菜单)。

(3) 布局：float最常用的场景就是布局。使用float可以很简单地实现布局，而且易于理解

(任务3-3-3讲解布局的应用)。使用float制作布局时,要注意清除浮动问题。

【考核任务】

成果:实现主页main区域的布局。

考核要点:

正确实现布局。

【任务小结】

本任务总结了float属性的常见特性和主要应用。

【拓展训练】

完成团队网站主页main区域的布局。

任务3-3-6 制作主页main区域

【任务引入】

在完成布局的main区域添加具体内容。

【学习任务】

描述:实现如图3-3-6-1所示的页面效果。图片的间距为92像素,图片所在行和下方文字纵向间距为40像素。

图3-3-6-1 设置边距和边框

操作步骤:

(1) 在D盘的3-3文件夹下建立文件夹3-3-6。在3-3-6文件夹下建立images子文件夹,将素材中的item_01.jpg、item_02.jpg、item_03.jpg、item_04.jpg、item_05.jpg共五张图片复制到images文件夹中。

(2) 打开Brackets软件。执行New | Open Folder,在打开的对话框中选择"D盘"|3-3|3-3-6。

(3) 在打开的3-3-6站点下,执行File | New,在新建的文件上右击,选择Save保存该文件,命名为3-3-6-1.html(扩展名.html不能省略)。

(4) 在3-3-6站点下，右击选择New Folder(新建文件夹)，输入名称css；再在css文件夹下右击，选择New File(新建文件)，输入文件名style.css(扩展名.css不能省略)。

(5) 打开3-3-6-1.html文件，在右侧代码编辑区内写入代码。如图3-3-6-2所示。

```
1   <!DOCTYPE html>
2 ▼ <html>
3 ▼    <head>
4          <title>盒模型间距和边框</title>
5          <meta charset="utf-8">
6          <link rel=stylesheet href="css/style.css" type="text/css">
7
8      </head>                              外联样式表
9 ▼    <body>
10 ▼       <div class="firstarea">
11 ▼          <ul class="item">
12                <li><img src="images/item_01.jpg"><h3>休闲</h3> </li>
13                <li><img src="images/item_02.jpg"><h3>观光</h3> </li>
14                <li><img src="images/item_03.jpg"><h3>美食</h3> </li>
15                <li><img src="images/item_04.jpg"><h3>运动</h3> </li>
16                <li><img src="images/item_05.jpg"><h3>友爱</h3> </li>
17             </ul>
18          </div>
19 ▼       <div class="secondarea">
20             <h2 class="font2"><em>爱上路</em>  <span>热门线路推荐</span></h2>
21          </div>
22      </body>
23  </html>
```

图3-3-6-2　3-3-6-1.html页面代码

(6) 打开css/style.css文件，在右侧代码编辑区内写入代码。如图3-3-6-3所示。

(7) 运行结果如图3-3-6-3所示。

```
1 ▼        .firstarea{
2              width: 900px;
3              margin: 0 auto;
4              overflow: auto;
5          }
6 ▼        .secondarea{
7              width: 430px;
8              margin: 40px auto 20px auto;
9              text-align: center;
10         }
11 ▼        .item li {
12             list-style-type: none;
13             float: left;
14             margin:0 46px;
15         }
16
17 ▼        .item li h3 {
18             text-align: center;
19             padding-top: 14px;
20             font-weight: normal;|
21             font-size: 16px;
22         }
23 ▼         .font2 {
24             font-size: 16px;
25             font-weight: normal;
26             width: 430px;
27             height: 50px;
28             line-height: 50px;
29             border-top: solid 1px #C2C0C5;
30             border-bottom: solid 1px #C2C0C5;
31
32
33         }
34
```

图3-3-6-3　style.css页面代码

【相关知识】

盒模型边框详解

盒子模型的边框就是围绕着内容及补白的线,可以设置这条线的粗细、样式和颜色(即边框三个属性)。

如下代码将div设置为边框粗2px、实心的、红色的边框:

```
div{
    border:2px   solid   red;
}
```

上面是border代码的缩写形式,可以分开写:

```
div{
    border-width:2px;
    border-style:solid;
    border-color:red;
}
```

注意:

(1) border-style(边框样式)常见样式有:dashed(虚线)、dotted(点线)、solid(实线)。

(2) border-color(边框颜色)可设置为十六进制颜色,注意不要遗漏#号。

CSS样式中允许只为一个方向的边框设置样式:border-bottom(下边框)、border-top(上边框)、border-left(左边框)和border-right(右边框)。如下所示。

```
border-bottom:3px solid #333;
border-top:1px solid red;
border-right:1px solid red;
border-left:1px solid red;
```

盒模型填充详解

元素内容与边框之间是可以设置距离的,称为填充。填充也可分为上、右、下、左。如下代码:

```
div{padding:20px 10px15px 30px;}
```

顺序一定不要搞混。可以分开写上面代码:

```
div{
    padding-top:20px;
    padding-right:10px;
    padding-bottom:15px;
    padding-left:30px;
}
```

如果上、右、下、左的填充都为10px,可以这么写:

```
div{padding:10px;}
```

如果上下填充一样为10px，左右一样为20px，可以这么写：

```
div{padding:10px 20px;}
```

盒模型之边界详解

元素与其他元素之间的距离可使用边界(margin)来设置。边界也可分为上、右、下、左。如下代码：

```
div{margin:20px 10px 15px 30px;}
```

也可以分开写：

```
div{
    margin-top:20px;
    margin-right:10px;
    margin-bottom:15px;
    margin-left:30px;
}
```

如果上右下左的边界都为10px，可以这么写：

```
div{ margin:10px;}
```

如果上下边界一样为10px，左右一样为20px，可以这么写：

```
div{ margin:10px 20px;}
```

【考核任务】

成果：完成主页main区域内容的添加。

考核要点：按照设计图正确添加内容及样式的设置。

【任务小结】

本任务学习盒模型三要素的设置方法及应用。

【拓展训练】

完成团队网站主页main区域的内容添加。

任务3-3-7　制作主页footer区域

【任务引入】

特殊字符、表单及表单样式的应用。

【学习任务】

【任务1】表单的应用。

描述：制作用户注册页面。

操作步骤：

(1) 在D盘3-3文件夹下新建一个子文件夹，命名为3-3-7。

(2) 打开Brackets软件。执行New | Open Folder，在打开的对话框中选择"D盘"|3-3|3-3-7。

(3) 在打开的3-3-7站点下，执行File | New，在新建的文件上右击，选择Save保存该文件，命名为3-3-7-1.html(扩展名.html不能省略)。

(4) 在右侧代码编辑区中写入代码。如图3-3-7-1所示。

```
1   <!DOCTYPE html>
2   <html>
3       <head>
4           <title>用户注册页面</title>
5       </head>
6       <body>
7           <form method="post">
8           请输入姓名:<input type="text" name="uesrname">      文本框     密码框
9           请输入密码:<input type="password" name="pwd">
10          请选择性别:<input type="radio" name="sex" value="男">男   单选框
11                    <input type="radio" name="sex" value="女">女
12          请选择爱好:<input type="checkbox" name="love" value="游泳">游泳   复选框
13                    <input type="checkbox" name="love" value="唱歌">唱歌
14                    <input type="checkbox" name="love" value="跳舞">跳舞
15          请输入个人简介:
16              <textarea name="introduction" rows="5" cols="50">用简短的文字介绍自己...</textarea>
17          <input type="submit" value="提交">                   多行文本框
18          <input type="reset" value="取消">       提交按钮
19          </form>
20      </body>
21  </html>
                                            取消按钮
```

图3-3-7-1　表单的应用

(5) 运行结果如图3-3-7-2所示，表单各元素一个挨着一个排列在一行。如果一行容纳不下，转入下一行显示(说明：表单各元素是内联块元素)。

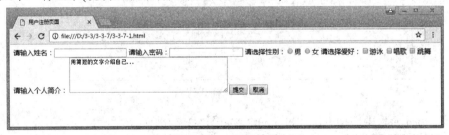

图3-3-7-2　运行结果

(6) 在代码编辑区，需要换行的地方加上换行标签
，如图3-3-7-3所示。

```
<form method="post">
请输入姓名:<input type="text" name="uesrname"><br>
请输入密码:<input type="password" name="pwd"><br>
请选择性别:<input type="radio" name="sex" value="男">男
          <input type="radio" name="sex" value="女">女<br>
请选择爱好:<input type="checkbox" name="love" value="游泳">游泳
          <input type="checkbox" name="love" value="唱歌">唱歌
          <input type="checkbox" name="love" value="跳舞">跳舞<br>
请输入个人简介:
    <textarea name="introduction" rows="5" cols="50">用简短的文字介绍自己...</textarea><br>
  <input type="submit" value="提交">
  <input type="reset" value="取消">
</form>
```

图3-3-7-3　加
的代码

(7) 运行结果如图3-3-7-4所示。

图3-3-7-4　加\
后的运行结果

【任务2】CSS对表单的修饰。

描述：用CSS样式修饰用户注册页面。

操作步骤：

(1) 在brackets软件下打开3-3-7-1.html。在head标签内添加样式代码，如图3-3-7-5所示。

```
<style type="text/css">
    .input1{
        width: 200px;
        height: 30px;
        border: solid 1px gray;
        margin-top: 5px;          上边距为5px
        background-color: cornsilk;
        border-radius: 10px;
    }                            圆角半径
    .input2{
        width: 80px;
        height: 30px;
        background-color: chocolate;
        border: solid 1px gray;   定义边框
        color: cornsilk;
        margin-left: 60px;
    }                    左边距为60px
</style>
```

图3-3-7-5　样式代码

(2) 在form元素中应用.input1和.input2。如图3-3-7-6所示。

```
<form method="post">
请输入姓名：<input class="input1" type="text" name="uesrname"><br>
请输入密码：<input class="input1" type="password" name="pwd"><br>
请选择性别：<input type="radio" name="sex" value="男">男
            <input type="radio" name="sex" value="女">女<br>
请选择爱好：<input type="checkbox" name="love" value="游泳">游泳
            <input type="checkbox" name="love" value="唱歌">唱歌
            <input type="checkbox" name="love" value="跳舞">跳舞<br>
请输入个人简介：
    <textarea name="introduction" rows="5" cols="50">用简短的文字介绍自己...
    </textarea><br>
<input class="input2" type="submit" value="提交">
<input class="input2" type="reset" value="取消">
</form>
```

图3-3-7-6　应用样式

(3) 运行结果如图3-3-7-7所示。

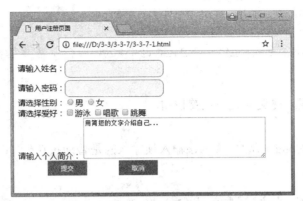

图3-3-7-7　运行结果

说明：
读者可以按照演示的方法，自行为注册页面的其他表单元素应用样式修饰。

【相关知识】

表单<form>

(1) 表单标签<form>……</form>是块级元素。

语法：

<form name="form_name" action="url" method="get|post">…</form>

name：定义表单的名称。

method：定义表单结果从浏览器传送到服务器的方式，默认参数为get，通常使用post。

action：用来指定表单处理程序的位置(服务器端脚本处理程序)。

(2) 文本框

是一种让访问者自行输入内容的表单对象，通常用来填写单个字或者简短的回答，如姓名、地址等。

代码格式：

<input type="text"　name="..."　size="..."　maxlength="..."　value="...">

type="text"定义单行文本输入框；

name属性定义文本框的名称，要保证数据的准确采集，必须定义一个独一无二的名称；

size属性定义文本框的宽度，单位是单个字符宽度；

maxlength属性定义最多输入的字符数。

value属性定义文本框的初始值。

(3) 密码框

密码框是一种特殊的文本框，它的不同之处是当输入内容时，均以*表示，以保证密码的安全性。

格式：

```
<input type="password" name="..." size="..." maxlength="..." >
```

（4）按钮

类型：普通按钮、提交按钮、重置按钮。

1）普通按钮

当type 的类型为button 时，表示该输入项输入的是普通按钮。

语法格式：

```
<input type="button" value="..." name="...">
```

value：表示显示在按钮上的文字。

普通按钮经常和脚本一起使用。

2）提交按钮

通过提交(input type=submit)可将表单的信息提交给表单里action所指向的文件。

```
<input type="submit" value="提交">
```

3）重置按钮

当type的类型为reset时，表示该输入项输入的是重置按钮，单击按钮后，浏览器可以清除表单中的输入信息，恢复到默认设置的表单内容。

```
<input type="reset"    value="..." name="...">
```

（5）单选框和复选框

1）单选框

格式：

```
<input type="radio"   name="…"    value="…"    checked>
```

checked表示此项默认选中

value表示选中后传送到服务器端的值。

name表示单选框的名称，如果是一组单选项，name的值相同，value的值不同。

2）复选框

语法格式：<input type=checkbox name="…"   value="…"   checked >

checked表示此项默认选中。

value表示选中后传送到服务器端的值。

name表示复选框的名称，如果是一组复选项，name的值相同，value的值不同。

（6）文件输入框

当type="file"时，表示该输入项是一个文件输入框，用户可在文件输入框的内部填写自己硬盘中的文件路径，然后通过表单上传。

语法格式：<input type="file"   name="…">

(7) 下拉框(Select)

既可以用于单选，也可以用于复选。

单选例句如下　：

```
<select name="fruit" >
<option value="apple"> 苹果
<option value="orange"> 桔子
<option value="mango"> 芒果
</select>
```

如果要变成复选，加multiple即可：<select name="fruit" multiple>。用户用Ctrl来实现多选。用户还可以用size属性来改变下拉框的大小。

(8) 多行输入框(textarea)

多行输入框(textarea)主要用于输入较长的文本信息。例句如下：

```
<textarea name="conent" cols ="50" rows = "3"></textarea>
```

其中cols表示textarea的宽度，rows表示textarea的高度。

【考核任务】

成果：完成主页footer区域的制作。

考核要点：

(1) 版权信息的运行结果和效果图一致。

(2) 表单样式的书写正确。

【拓展训练】

完成团队网站主页footer区域的编写工作。

项目总结

本项目完成了网站主页的制作，在制作过程中介绍了Brackets软件的使用、三种常见布局的应用以及表单的制作等。

知识拓展

1. Bootstrap框架

Bootstrap来自Twitter，是目前最受欢迎的前端框架。Bootstrap基于HTML、CSS和JavaScript，它简洁灵活，使得Web开发更加快捷。

Bootstrap由Twitter的Mark Otto和Jacob Thornton开发。Bootstrap是2011年8月在GitHub上发布的开源产品。

Bootstrap的优点

● 移动设备优先：自Bootstrap 3起，框架包含了贯穿于整个库的移动设备优先的样式。

- 浏览器支持：所有主流浏览器都支持Bootstrap、(Internet Explorer、Firefox、Opera、Google Chrome、Safari)
- 容易上手：只要具备HTML和CSS的基础知识，你就可以开始学习Bootstrap。
- 响应式设计：Bootstrap的响应式CSS能自动适应台式机、平板电脑和手机。

2. Bootstrap学习站点

(1) http://www.bootcss.com/

(2) http://www.runoob.com/bootstrap/bootstrap-intro.html

项目3-4　网站子页制作

【情境描述】

唐君完成了网站主要的制作，接下来开始制作各个子页面。

【教学目标】

能力目标
- 能针对文本进行CSS设置；
- 能针对图像进行CSS设置；
- 能正确应用图文布局。

知识目标
- 理解文本CSS样式；
- 理解图像CSS样式；
- 掌握层模型的布局设置。

素质目标
- 具有精益求精的精神，完全按照设计图制作网页。

【教学实施】

任务3-4-1　制作"关于我们"页

【任务引入】

文本的CSS应用。

【学习任务】

【任务1】

描述：实现如图3-4-1-1所示的页面效果。

> **蓝德介绍**
>
> 沈阳蓝德科技有限公司成立于2003年，专门从事企业网站设计、开发以及电子商务项目规划、创意、运营，是提供全面的基于互联网解决方案的应用服务提供商(Application Service Provider)。我们根据客户的实际情况与需求出发，以独到的设计理念和精工细作的专业精神、帮助各个层次上不同类型的企业根据其不同的商业发展目标与需求，定制优质的互联网和电子商务项目的解决方案。并能够根据客户的服务需求，提供长期的服务方案、推广方案以及经营方案。
>
> To create firs-class design is our permanent pursuit, while original design is the basis for our survival and development.To Pursue International Design Style of Elegance and Simplicity, to Design Competitive Products with Vitality and Soul, to Create More Values for Customers with Professional Services for Mutual Development.

图3-4-1-1 任务1页面效果

操作步骤:

(1) 在D盘新建一个文件夹命名为3-4，再在3-4文件夹下新建一个子文件夹命名为3-4-1。

(2) 打开Brackets软件。执行New | Open Folder，在打开的对话框中选择"D盘"|3-4|3-4-1。

(3) 在打开的3-4-1站点下，执行File | New，在新建的文件上右击，选择Save保存该文件，命名为3-4-1-1.html。

(4) 在右侧代码编辑区中写入HTML代码。如图3-4-1-2所示。

```html
1  <!DOCTYPE html>
2  <html>
3      <head>
4          <title>蓝德介绍</title>
5      </head>
6      <body>
7          <div class="con">
8              <h1>蓝德介绍</h1>
9              <p>
10                 沈阳蓝德科技有限公司成立于2003年,专门从事企业网站设计、开发以及电子商务项目规划、创意、运营,是提供全面的基于互联网解决方案的应用服务提供商(Application Service Provider)。我们根据客户的实际情况与需求出发,以独到的设计理念和精工细作的专业精神、帮助各个层次上不同类型的企业根据其不同的商业发展目标与需求,定制优质的互联网和电子商务项目的解决方案。并能够根据客户的服务需求,提供长期的服务方案、推广方案以及经营方案。
11             </p>
12             <p>
13                 To create firs-class design is our permanent pursuit, while original design is the basis for our survival and development.To Pursue International Design Style of Elegance and Simplicity, to Design Competitive Products with Vitality and Soul, to Create More Values for Customers with Professional Services for Mutual Development.
14             </p>
15         </div>
16     </body>
17 </html>
```

图3-4-1-2 HTML代码

(5) 在<head></head>中写入CSS代码。如图3-4-1-3所示。

```
<head>
    <title>蓝德介绍</title>
    <style type="text/css">
        .con{
            width: 800px;
            margin: 0 auto;
        }
        .con h1{
            width: 150px;
            height: 40px;
            line-height: 40px;
            text-align: center;
            font-size: 16px;
            background-color:#ff6c00;
            border-radius: 50px;
            color: #fff;
        }
        .con p{
            font-size: 14px;
            line-height: 28px;
            text-indent: 2em;
            letter-spacing:0.5em;
            /*字符间距为0.5像素。*/
        }
    </style>
</head>
```

该属性用于设置边框半径，在任务3-4-5相关知识中有详细介绍。

图3-4-1-3　CSS代码

(6) 预览页面运行结果，如图3-4-1-1所示。

【任务2】

描述：实现如图3-4-1-4所示的页面效果。

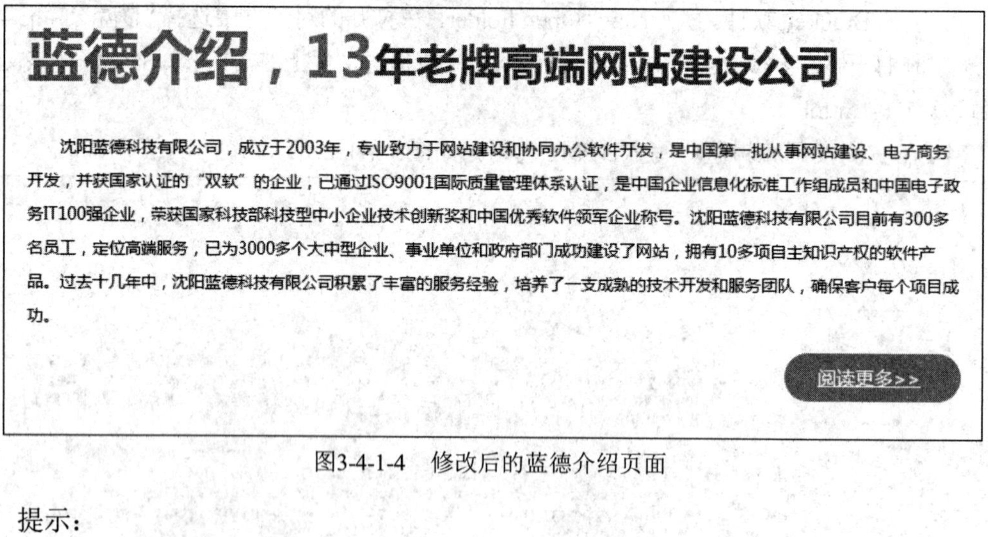

蓝德介绍，13年老牌高端网站建设公司

沈阳蓝德科技有限公司，成立于2003年，专业致力于网站建设和协同办公软件开发，是中国第一批从事网站建设、电子商务开发，并获国家认证的"双软"的企业，已通过ISO9001国际质量管理体系认证，是中国企业信息化标准工作组成员和中国电子政务IT100强企业，荣获国家科技部科技型中小企业技术创新奖和中国优秀软件领军企业称号。沈阳蓝德科技有限公司目前有300多名员工，定位高端服务，已为3000多个大中型企业、事业单位和政府部门成功建设了网站，拥有10多项自主知识产权的软件产品。过去十几年中，沈阳蓝德科技有限公司积累了丰富的服务经验，培养了一支成熟的技术开发和服务团队，确保客户每个项目成功。

阅读更多>>

图3-4-1-4　修改后的蓝德介绍页面

提示：

HTML代码如图3-4-1-5所示。

CSS代码如图3-4-1-6所示。

```
1   <!DOCTYPE html>
2 ▼ <html>
3 ▼   <head>
4        <title>蓝德介绍</title>|
5     </head>
6 ▼   <body>
7 ▼     <div class="con">
8 ▼       <h1>
9            蓝德介绍，13<span>年老牌高端网站建设公司</span>
10        </h1>
11 ▼      <p>
12           沈阳蓝德科技有限公司，成立于2003年，专业致力于网站建设和协同办公
            软件开发，是中国第一批从事网站建设、电子商务开发，并获国家认证
            的"双软"的企业，已通过ISO9001国际质量管理体系认证，是中国企业信
            息化标准工作组成员和中国电子政务IT100强企业，荣获国家科技部科技型
            中小企业技术创新奖和中国优秀软件领军企业称号。沈阳蓝德科技有限公司
            目前有300多名员工，定位高端服务，已为3000多个大中型企业、事业单位
            和政府部门成功建设了网站，拥有10多项自主知识产权的软件产品。过去十
            几年中，沈阳蓝德科技有限公司积累了丰富的服务经验，培养了一支成熟的
            技术开发和服务团队，确保客户每个项目成功。
13        </p>
14        <p><a href="#" class="more">阅读更多&gt;&gt;</a></p>
15      </div>
16    </body>
17  </html>
```

图3-4-1-5　HTML代码

```
<style type="text/css">
    .con{
        width: 800px;
        margin: 0 auto;
    }
    .con h1{
        font-size: 48px;
        color: #ff6c00;
        line-height: 1em;
        padding: 10px 0 20px 0;
        margin: 0
    }
    .con h1 span{
        font-size: 36px;
        color: #555;
    }
    .con p{
        font-size: 14px;
        line-height: 28px;
        text-indent: 2em;
    }
    .more{
        float: right;
        display: inline-block;
        width: 150px;
        height: 40px;
        line-height: 40px;
        font-size: 16px;
        background-color:#ff6c00;
        border-radius: 50px;
        color: #fff;
    }
</style>
```

图3-4-1-6　CSS代码

【相关知识】

　　如何恰当地使用标签来描述文本，并为文本添加美观的样式呢？下面介绍文本的常用标签及CSS样式的应用。

(1) 网页中定义文本的常用标签

标题标签<h1>~<h6> (可参阅任务2-1)。

段落标签<p> (可参阅任务2-2)。

列表标签<ul> (可参阅任务2-5)。

<span>标签通常用于定义局部文本的样式。

(2) 文本CSS样式的应用

有关CSS的字体属性和文本属性的信息，可参阅任务2-3中的表2-3-1和表2-3-2。

(3) word-wrap属性的应用：

word-wrap属性允许长单词或URL地址换行到下一行。所有主流浏览器都支持word-wrap属性。

语法：word-wrap: normal|break-word;

值	描述
normal	只在允许的断字点换行(浏览器保持默认处理)
break-word	在长单词或URL地址内部进行换行

示例：

```
<p style="width:11em;border:1px solid #000000;word-wrap:break-word; ">
thisisaveryveryveryveryveryverylongword. The long word will break and wrap to the next line.
</p>
```

思考：

CSS中强制换行属性有word-break、word-wrap和white-space，大家自行搜索总结其用法和彼此的区别。

(4) text-shadow的应用：

text-shadow给文本添加阴影效果(Internet Explorer 9以及更早的版本不支持text-shadow属性)。

语法：text-shadow: h-shadow v-shadow blur color;

值	描述
h-shadow	必需。水平阴影的位置。允许使用负值
v-shadow	必需。垂直阴影的位置。允许使用负值
blur	可选。模糊的距离
color	可选。阴影的颜色

示例：

```
<h1 style="text-shadow:2px 2px 8px #FF0000;">模糊效果的文本阴影！</h1>
```

【考核任务】

成果：实现"关于我们"页面。

考核要点：

(1) 文本标签的正确使用。

(2) 文本样式的正确应用。

【任务小结】

本任务主要练习与文本相关的标签和样式的应用。

【拓展训练】

完成团队网站"关于我们"页面的编写工作。

任务3-4-2 制作"图片览胜"页

【任务引入】

图片的CSS应用

【学习任务】

【任务1】

描述：实现如图3-4-2-1所示的效果。

图3-4-2-1 阴影效果

操作步骤：

(1) 在3-4文件夹下新建一个子文件夹，命名为3-4-2，在3-4-2文件夹下建立images文件夹，将素材中的图片复制到images文件夹下。

(2) 打开Brackets软件。执行New | Open Folder，在打开的对话框中选择"D盘"|3-4|3-4-2。

(3) 在打开的3-4-2站点下，执行File | New，在新建的文件上右击，选择Save保存该文件，命名为3-4-2-1.html。

(4) 在右侧代码编辑区中写入HTML代码。如图3-4-2-2所示。

```
1   <!DOCTYPE html>
2   <html>
3     <head>
4       <title>box-shadow的应用</title>
5       <style type="text/css">
6         .picbox{
7           border: solid 1px #262027;
8           width: 285px;
9           padding: 10px;
10          box-shadow: -1px 6px 8px 1px #ccc;
11        }
12        .picbox p{
13          line-height: 30px;
14          text-align: center;
15          font-size: 14px;
16          margin: 0;
17        }
18
19      </style>
20     </head>
21     <body>
22       <div class="picbox">
23         <img src="images/switzerland.jpg" alt="瑞士">
24         <p>瑞士</p>
25       </div>
26     </body>
27   </html>
```

图3-4-2-2　3-4-2-1.html页面代码

(5) 预览页面运行结果，如图3-4-2-1所示。

> 思考：
> 为何在.picbox p中定义了margin属性？如果不设置该属性或者设置了其他属性，会是怎样的效果呢？

【任务2】

描述：实现如图3-4-2-3所示的效果。

图3-4-2-3　一行三列布局

在图3-4-2-3中可以看到，共有三幅图片，每幅图片的显示效果和【任务1】效果一样，因此，我们需要复制任务1的body中的代码，然后修改相应的图片和文字，定义图片大小，最后将布局改为一行三列布局。

body中的代码如图3-4-2-4所示。

```
<div class="picbox">
    <img src="images/switzerland.jpg" alt="瑞士">
    <p>瑞士</p>
 </div>
<div class="picbox">
    <img src="images/italy.jpg" alt="意大利">
    <p>意大利</p>
 </div>
<div class="picbox">
    <img src="images/uk.jpg" alt="英国">
    <p>英国</p>
 </div>
```

图3-4-2-4　body中的代码

样式代码如图3-4-2-5所示。

```
<style type="text/css">
    .picbox{
        border: solid 1px #262027;
        width: 285px;
        padding: 10px;
        box-shadow: -1px 6px 8px 1px #ccc;
        float:left;
        margin: 10px;
    }
    .picbox img{
        width: 281px;
        height: 210px;
    }
    .picbox p{
        line-height: 30px;
        text-align: center;
        font-size: 14px;
        margin: 0;
    }
</style>
```

图3-4-2-5　样式代码

【相关知识】

(1) 图片的样式

网页制作中的产品图片、新闻图片大部分通过后台程序由客户自行添加，大小不一，这难免影响页面效果的显示。通常页面中的图片需要统一大小，因此要在样式中定义width和height两个属性。

(2) 阴影样式box-shadow给元素块添加周边阴影效果。IE9+、Firefox 4、Chrome、Opera 以及Safari 5.1.1支持box-shadow属性。

语法：box-shadow: h-shadow v-shadow blur spread color inset;

值	描述
h-shadow	必需。水平阴影的位置。允许负值
v-shadow	必需。垂直阴影的位置。允许负值
blur	可选。模糊距离
spread	可选。阴影的尺寸
color	可选。阴影的颜色。请参阅CSS颜色值
inset	可选。将外部阴影(outset)改为内部阴影

示例：向div元素添加box-shadow。

```
div{box-shadow: 10px 10px 5px #888888; }
```

【考核任务】

成果：实现"图片览胜"页面。

考核要点：

(1) 图片标签的正确使用。

(2) 阴影样式的正确应用。

(3) 多行多列布局的正确设置。

【任务小结】

本任务主要学习box-shadow属性的应用。

【拓展训练】

完成团队网站相关页面的编写工作。

任务3-4-3 制作"达人报告"页

【任务引入】

完成"达人报告"页的制作。

【学习任务】

【任务1】实现橙色下画线效果。如图3-4-3-1所示。

操作步骤：

(1) 复制3-4-1-1.html文件，粘贴到新建的3-4-3文件夹下，将3-4-1-1.html文件改名为3-4-3-1.html。

(2) 打开Brackets软件。执行New | Open Folder，在打开的对话框中选择"D盘"|3-4|3-4-3。

图3-4-3-1 橙色下画线效果

(3) 在站点下，打开3-4-3-1.html文件。增加相应代码。代码如图3-4-3-2和图3-4-3-3所示。

图3-4-3-2 新增的HTML代码

图3-4-3-3 新增的CSS代码

(4) 预览页面运行结果，如图3-4-3-1所示。

思考：
改变top和left的值，观察橙色线条的变化。还可以使用text-decation设置下画线，这和前面的方法有何区别？是否可以用border-bottom设置下画线，如何实现？

【任务2】
任务描述：使用text-decation和border-bottom实现图3-4-3-1所示的效果。

操作步骤：

(1) 在Brackets下，打开3-4-3-1.html文件，将其另存为3-4-3-2.html。

(2) 在打开的3-4-3-2.html文件的代码区中，注释掉不需要的代码。如图3-4-3-4所示(注释的快捷键是Ctrl+/。注释方法：选中不需要的代码，然后按下快捷键Ctrl+/；若同时用鼠标拖选，可以选中多处不连续的区域)。

```
        .con p{
            font-size: 14px;
            line-height: 28px;
            text-indent: 2em;
            letter-spacing:0.5em;
            /*字符间距为0.5em. */
            position: relative;*/        选中不需要的代码，按下Ctrl +/
/*                                       快捷键，完成注释。
        }
/*
        .orangeline{
            width: 14.8em;
            height:2px;
            background-color: orange;
            display: block;
            position:absolute;
            top: 25px;
            left: 1.8em;


        }
*/
```

图3-4-3-4   注释掉不需要的CSS代码

(3) 修改HTML部分的代码。将图3-4-3-5所示的代码修改为3-4-3-6所示的效果。

```
<p>
    沈阳蓝德科技有限公司<em class="orangeline"></em>成立于2003年，专门从事企业网站设计、开发以及
    创意、运营，是提供全面的基于互联网解决方案的应用服务提供商(Application Service Provider)。
```

图3-4-3-5   原HTML部分代码

```
<p>
    <em class="orangeline">沈阳蓝德科技有限公司</em>成立于2003年，专门从事企业网站设计、开发以及
    创意、运营，是提供全面的基于互联网解决方案的应用服务提供商(Application Service Provider)。
```

图3-4-3-6   修改后的HTML部分代码

(4) 写入CSS代码，如图3-4-3-7所示。

```
        .orangeline{
            font-style: normal;
            text-decoration: underline;
            color: orange;

        }
```

图3-4-3-7   CSS代码

(5) 执行结果为"沈阳蓝德科技有限公司"几个字。虽然添加了橙色的下画线，但文字的颜色也变为橙色了。

> **结论：**
> 用text-decation设置下画线，下画线的颜色会随着文字颜色的变化而变化。

(6) 将文件3-4-3-2.html另存为3-4-3-3.html。

(7) 重写.orangeline中的代码。代码如图3-4-3-8所示。

```
.orangeline{
    font-style: normal;
    display: inline-block;
    border-bottom: solid 2px orange;
    width: 17.5em;
}
```

图3-4-3-8　重写的代码

(8) 执行结果实现了橙色下画线效果。

> **思考：**
> 如果修改.orangeline中width的值，显示结果会发生怎样的变化？

【相关知识】

定位属性position

定位属性position可对元素进行定位，主要通过相对定位和绝对定位两种方式定位。相对定位允许元素相对于文档布局的原始位置进行偏移。绝对定位允许元素与原始文档的布局分离并任意定位。

(1) 语法：position:static|absolute|fixed|relative;

说明：

static表示无特殊定位，是默认值，它按普通顺序生成，正如它们在HTML中的出现顺序一样。

absolute表示采用绝对定位，要同时使用left、top、right、bottom属性进行绝对定位，而其层叠顺序通过z-index属性定义，此时对象不具有边距，但仍有填充和边框。

fixed表示固定定位，当页面滚动时，元素保持在浏览器视区内。

relative表示采用相对定位，对象不可层叠，但将依据left、top、right、bottom属性设置在页面中的偏移位置。

> **说明：**
> 在使用position实现定位时，通常将relative和absolute结合使用。即将父元素设置为relative，子元素设置为absolute，来实现子元素相对于父元素的定位。如【任务1】即是relative和absolute结合的案例。

(2) 元素位置：top、right、bottom、left

元素的位置属性与定位方式共同设置元素的具体位置。

语法：

top:auto|长度值|百分比;

right:auto|长度值|百分比;

bottom:auto|长度值|百分比;

left:auto|长度值|百分比;

说明：

top：定义一个定位元素的上外边距边界与其包含块上边界之间的偏移。

right：定义一个定位元素右外边距边界与其包含块右边界之间的偏移。

bottom：定义一个定位元素下外边距边界与其包含块下边界之间的偏移。

left：定义一个定位元素左外边距边界与其包含块左边界之间的偏移。

auto：采用默认值，长度值需要包含数字和单位，也可以使用百分比进行设置。

(3) 层叠顺序：z-index

层叠顺序属性用于设定层的先后顺序和覆盖关系，z-index值高的层覆盖z-index值低的层。

语法：z-index:auto|数字;

说明：z-index值高的层覆盖z-index值低的层。一般情况下，z-index值为1，表示该层位于最下层。

【考核任务】

成果：实现"达人报告"页面。

考核要点：定位属性的正确使用。

【任务小结】

本任务主要学习层模型的应用。

【拓展训练】

完成团队网站相关页面的编写工作。

任务3-4-4　制作"联系我们"页

【任务引入】

图文混排效果的制作。

【学习任务】

【任务1】

描述：实现如图3-4-4-1所示的效果。

图3-4-4-1 在蓝德介绍页面加上一幅右侧显示的图片

操作步骤:

(1) 在3-4文件夹下新建一个子文件夹,命名为3-4-4;将3-4-3文件夹下的3-4-3-1.html文件复制到3-4-4文件夹下,将文件改名为3-4-4-1.html。

(2) 在3-4-4文件夹下建立images文件夹,将素材中的图片复制到images文件夹下。

(3) 打开Brackets软件。执行New | Open Folder,在打开的对话框中选择"D盘"|3-4|3-4-4。

(4) 在打开的3-4-4站点下,打开3-4-4-1.html文件,增加图片代码及float样式,如图3-4-4-2所示。

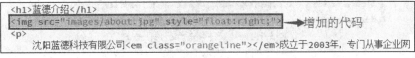

图3-4-4-2 增加的图片代码及样式

(5) 运行结果如图3-4-4-1所示。

【相关知识】

float应用之文字环绕

float最初的应用就是文字环绕效果,这对图文并茂的文章很有用。示例代码如图3-4-4-3所示。

运行结果如图3-4-4-4所示。

【考核任务】

成果:实现"联系我们"页面。

考核要点:图文布局的正确实现。

```
 1   <!DOCTYPE html>
 2 ▼ <html>
 3 ▼     <head>
 4           <title>文字环绕</title>
 5           <style type="text/css">
 6 ▼             .box {
 7                   background-color: #00ff90;
 8                   padding: 10px;
 9                   width: 550px; }
10 ▼             .float{
11                   float: left;
12               }
13           </style>
14       </head>
15 ▼     <body>
16           <div class="box">
17               <img src="images/pic_03.png" class="float" />
18               我是环绕的文字我是环绕的文字我是环绕的文字我是环绕的文字我是环绕的文字我是环绕的文字我是环绕的文字我是环绕的文字我是环
                  绕的文字我是环绕的文字我是环绕的文字我是环绕的文字我是环绕的文字我是环绕的文字我是环绕的文字
19           </div>
20       </body>
21   </html>
```

图3-4-4-3　文字环绕示例代码

图3-4-4-4　文字环绕运行结果

【任务小结】
本任务主要学习float属性如何实现文字环绕功能。

【拓展训练】
完成团队网站相关页面的编写工作。

任务3-4-5　制作旅游线路详情页

【任务引入】
border-radius属性的应用。

【学习任务】

【任务1】

描述：实现如图3-4-5-1所示的效果。

图3-4-5-1　图片的圆角效果

操作步骤：

(1) 在3-4文件夹下新建一个子文件夹，命名为3-4-5；在3-4-5文件夹下建立images文件夹，将素材中的图片复制到images文件夹下。

(2) 打开Brackets软件。执行New | Open Folder，在打开的对话框中选择"D盘"|3-4|3-4-5。

(3) 在打开的3-4-5站点下，执行File | New，在新建的文件上右击，选择Save保存该文件，命名为3-4-5-1.html。

(4) 在右侧代码编辑区中写入HTML代码，如图3-4-5-2所示。

```
1   <!DOCTYPE html>
2 ▼ <html>
3 ▼   <head>
4         <title>border-radius属性的应用</title>
5         <style type="text/css">
6 ▼         img{
7                 width: 300px;
8                 height: 240px;
9                 border-radius: 50px;
10            }
11        </style>
12    </head>
13 ▼  <body>
14        <img src="images/1.jpg">
15        <img src="images/3.jpg">
16    </body>
17 </html>
```

图3-4-5-2　3-4-5-1.HTML代码

(5) 运行结果如图3-4-5-3所示。

【任务2】

描述：实现如图3-4-5-4所示的效果。

提示：

将3-4-5-1.html另存为3-4-5-2.html。修改代码，设置左侧图片的左下角和右上角半径，设置右侧图片的左上角和右下角半径。代码如图3-4-5-5所示。

图3-4-5-3　3-4-5-1.html运行结果

图3-4-5-4　对称圆角效果

```
1   <!DOCTYPE html>
2 ▼ <html>
3 ▼    <head>
4          <title>border-radius属性的应用</title>
5          <style type="text/css">
6 ▼           img{
7                  width: 300px;
8                  height: 240px;
9              }
10 ▼          .p1{
11                 border-bottom-left-radius: 100px;
12                 border-top-right-radius: 100px;
13             }
14 ▼          .p2{
15                 border-bottom-right-radius: 100px;
16                 border-top-left-radius: 100px;
17             }
18
19         </style>
20     </head>
21 ▼   <body>
22         <img src="images/2.jpg" class="p1">
23         <img src="images/4.jpg" class="p2">
24
25     </body>
26 </html>
```

图3-4-5-5　3-4-5-2.HTML代码

【相关知识】

border-radius属性的应用。

border-radius属性可为HTML元素添加圆角边框,是CSS 3.0版本中新增的属性。支持它的浏览器有IE 9、Opera 10.5、Safari 5、Chrome 4和Firefox 4。

为这个属性提供一个值,就能同时设置四个圆角的半径。所有合法的CSS度量值都可以使用em、px、百分比等。

比如 的运行结果如图3-4-5-6所示。

设置它的圆角半径为50px,即 。

运行结果如图3-4-5-7所示。

图3-4-5-6 加border-radius前   图3-4-5-7 加border-radius后

border-radius:50px;将每个圆角的"水平半径"和"垂直半径"同时设置为50px。

border-radius有多种写法,如下所示:

- border-radius:50px;表示四个角半径均设置50px。
- border-radius:50px 25px;表示左上角和右下角使用第一个值,右上角和左下角使用第二个值。
- border-radius:25px 10px 50px;表示左上角使用第一个值,右上角和左下角使用第二个值,右下角使用第三个值。
- border-radius:25px 10px 50px 0;表示左上角、右上角、右下角、左下角(顺时针顺序)各使用一个值。

border-radius还可以用斜杠设置第二组值。这时,第一组值表示水平半径,第二组值表示垂直半径,如border-radius:50px/25px;。

第二组值也可以同时设置1~4个值,应用与第一组值相同的规则。

border-radius: 100px 25px 80px 5px / 45px 25px 30px 15px;

除了同时设置四个圆角外，还可以单独对每个角进行设置。对应四个角，CSS3提供四个单独的属性：

```
* border-top-left-radius
* border-top-right-radius
* border-bottom-right-radius
* border-bottom-left-radius
```

这四个属性都可同时设置一个或两个值。如果设置一个值，表示水平半径与垂直半径相等。如果设置两个值，第一个值表示水平半径，第二个值表示垂直半径。

如border-top-left-radius: 50px 100px;，第一个值表示水平半径，第二个值表示垂直半径。

【考核任务】

成果：实现"旅游线路详情"页面。

考核要点：border-radius属性的正确使用。

【任务小结】

本任务主要学习border-radius属性的应用。

【拓展训练】

(1) 使用border-radius属性实现如图3-4-5-8所示的效果。

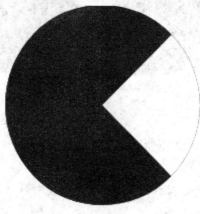

图3-4-5-8

代码段如下：

```
width:0;
height:0;
border:100px solid red;
border-radius:100px;
border-right-color:#fff;
```

(2) 完成团队网站相关页面的编写工作。

项目3-5 　 网页特效

【情境描述】

唐君已经制作完成"爱上路旅游"网站的全部页面，给客户审阅后，客户很满意，同时又提出新想法，要将各页面链接起来，并在个别网页上添加网页特效，让网页更具吸引力。

【教学目标】

能力目标
- 能使用JavaScript实现表单验证；
- 能引入JavaScript特效代码，并对其做相应修改；
- 能运用CSS和JavaScript共同为网页添加特效。

知识目标
- 了解JavaScript的基本用法；
- 了解JavaScript、CSS与特效的关系。

素质目标
- 具有自学能力和钻研精神。

【教学实施】

任务3-5-1 　 为网站导航添加链接

【任务引入】

网站各页面制作完成后，各个页面是孤立存在的，要实现各页面间的跳转功能，需要给各页面添加链接。

【学习任务】

【任务1】

描述：使用命名锚创建一个跳转到顶端的链接。

操作步骤：

(1) 在D盘下新建3-5文件夹，在3-5文件夹下新建一个子文件夹，命名为3-5-1，将3-4-1文件夹下的3-4-1-1.html文件复制到3-5-1文件夹，修改文件名为3-5-1-1.html。

(2) 打开Brackets软件。执行New | Open Folder，在打开的对话框中选择"D盘"|3-5|3-5-1。

(3) 在3-5-1站点下打开3-5-1-1.html文件，复制<div></div>之间的代码，并粘贴到</div>

标签前这样，如果页面内容增多，在浏览时会出现纵向滚动条；如果未出现纵向滚动条，可再粘贴一次)。复制内容如图3-5-1-1所示。

图3-5-1-1　复制的内容

(4) 在<div class="con">后写入代码<a name="top"></a>(用来定义锚)。

(5) 在</div>后写入代码<div style="float:right"><a href="#top">跳到顶端</a></div>。

(6) 在运行页面的底端点击"跳到顶端"链接，页面将自动返回到顶端。

【任务2】

描述：为【任务1】中跳转到顶端的链接添加"去掉下画线"样式和"字体颜色"样式。

操作步骤：

(1) 在3-5-1站点下打开3-5-1-1.html文件，将其另存为3-5-1-2.html。

(2) 在</style>标签前写入链接样式，如图3-5-1-2所示。

```
a:link {
    color:#ff6c00;
    text-decoration: none;
}
/* 未被访问的链接 */
a:visited {
    color:#00FF00;
    text-decoration: none;
}
/* 已被访问的链接 */
a:hover {
    color:#FF00FF;
    text-decoration: none;
}
/* 鼠标指针移动到链接上 */
a:active {
    color:#0000FF;
    text-decoration: none;
}
/* 正在被点击的链接 */
```

图3-5-1-2　链接样式

(3) 运行3-5-1-2.html，观察链接样式的四种状态。

【相关知识】

要了解链接标签a的基本知识，可参阅任务2-5。

链接标签a的应用：

(1) 创建网页文件间的链接(可参阅任务2-5)。

(2) 创建外部链接。通常网站的友情链接栏目下的链接地址都是外部链接。

语法：<a href="http://www.baidu.com">百度</a>

说明：href的值为带有"http://"的网址。

(3) 创建锚链接：如果浏览的网页内容非常长，需要不断地拖动滚动条，这样很不方便。此时如果在该网页中运用命名锚，将可以解决这个问题。利用命名锚记可以快速地跳转到当前网页文件的指定位置，也可以跳转到其他网页文件中的指定位置。

先定义命名锚记：如<a name="top"></a>(name属性定义锚的名称，HTML5中不支持)

再链接到锚：如<a href="#top">跳到顶端</a>

(4) 创建E-mail链接：<a href="**mailto:**66513976@qq.com">66513976@qq.com</a>

链接标签a的样式：

CSS为一些特殊效果准备了特定写法，称为"伪类"。网页中通常通过a:link、a:hover、a:active、a:visited来定义链接的link、hover、active、visited四种不同状态。link是超级链接的初始状态，hover是鼠标悬停时的状况，active是鼠标点击时的状况，visited是访问后的状况。

语法实例：

```
a:link {color:#FF0000;}      /* 未被访问的链接 */
a:visited {color:#00FF00;}   /* 已被访问的链接 */
a:hover {color:#FF00FF;}     /* 鼠标指针移到链接上 */
a:active {color:#0000FF;}    /* 正在被点击的链接 */
```

W3C规范中规定了链接的声明顺序：

在CSS定义中，a:hover只有置于a:link和a:visited之后，才是有效的。

在CSS定义中，a:active只有置于a:hover之后，才是有效的。

【考核任务】

成果：为各网页添加超级链接，未被访问的链接为黑色字体，带有下画线；已访问的链接字体为红，无下画线，如图3-5-1-3所示。

首 页	关于我们	图片览胜	达人报告	联系我们

图3-5-1-3 链接设置的样式效果

考核要点：

链接的正确添加；

样式的正常设置。

【任务小结】

本次任务主要练习链接的应用及样式的设置。

【拓展训练】

完成网站各页面的链接。

任务3-5-2 为banner添加图片轮播特效

【任务引入】

学习使用JavaScript代码制作图片轮播特效,并能做相应修改。

【学习任务】

描述:实现如图3-5-2-1所示的轮播特效。

图3-5-2-1 轮播特效效果图

操作步骤:

(1) 在3-5文件夹下新建一个子文件夹,命名为3-5-2,在3-5-2文件夹下建立js文件夹,将素材中的两个js文件(myfocus-2.0.1.min.js、setHomeSetFav.js)和一个文件夹(mf-pattern)复制到js文件夹下。

(2) 再在3-5-2文件夹下建立images文件夹,将素材中的图片复制到images文件夹下。

(3) 打开Brackets软件。执行New | Open Folder,在打开的对话框中选择"D盘" | 3-5 | 3-5-2。

(4) 在打开的3-5-2站点下,执行File | New,在新建的文件上右击,选择Save保存该文件,命名为3-5-2-1.html。

(5) 在右侧代码编辑区中写入HTML代码。如下所示:

```
<!DOCTYPE html>
<html>
```

```html
<head>
    <title>banner轮播特效的实现</title>
        <script type="text/javascript" src="js/setHomeSetFav.js"></script>
<script type="text/javascript" src="js/myfocus-2.0.1.min.js"></script><!--引入myFocus库-->
        <script type="text/javascript">
        myFocus.set({
            id:'boxID',              //焦点图盒子ID
            pattern:'mF_fancy',      //风格应用的名称
            time:3,                  //切换时间间隔(秒)
            trigger:'click',         //触发切换模式: 'click'(点击)/'mouseover'(悬停)
            width:1000,              //设置图片区域宽度(像素)
            height:350,              //设置图片区域高度(像素)
            txtHeight:'default'      //文字层高度设置(像素), 'default'为默认高度, 0为隐藏
        });
    </script>
    </head>
<body>
        <div id=ad>
            <div id="boxID"><!--焦点图盒子-->
                <div class="pic"><!--内容列表(可随意增减li数目)-->
                    <ul>
                        <li><a href="#"><img src="images/ad1.png" thumb="" alt="" text=
                        "详细描述1" /></a></li>
                        <li><a href="#"><img src="images/ad2.png" thumb="" alt="" text=
                        "详细描述2" /></a></li>

                    </ul>
                </div>
            </div>
        </div>
</body>
</html>
```

该特效的实现可参照教程：http://demo.jb51.net/js/myfocus/tutorials.html。

思考：

如何修改轮播图片的大小？

是否可以增加轮播图片的图片数量，该如何增加？

【相关知识】

1. JavaScript 简介

JavaScript是目前Web应用程序开发者最广泛使用的脚本编程语言。在1995年由Netscape公司的Brendan Eich在Netscape导航者浏览器上首次设计实现。因为Netscape与Sun合作，Netscape管理层希望它外观看起来像Java，因此取名为JavaScript；但实际上，它的语法风格与Self及Scheme较接近。

为取得技术优势，微软推出了JScript，CEnvi推出ScriptEase，与JavaScript一样可在浏览器上运行。由于JavaScript兼容ECMA标准，因此也称为ECMAScript。

2. JavaScript 特点

JavaScript是一种网络脚本语言，已经被广泛用于Web应用开发，常用来为网页添加各式各样的动态功能，为用户提供更流畅美观的浏览效果。JavaScript脚本通常通过嵌入在HTML中来实现自身功能。

(1) 是一种解释性脚本语言(代码不进行预编译)。

(2) 主要用来向HTML(标准通用标记语言的一个应用)页面添加交互行为。

(3) 可以直接嵌入HTML页面，但写成单独的js文件有利于结构和行为的分离。

(4) 跨平台特性，在绝大多数浏览器的支持下，可在多种平台下运行(如Windows、Linux、Mac、Android、iOS等)。

3. JavaScript 的使用

(1) 代码直接嵌入网页中：JavaScript代码可以直接嵌入网页的任何地方，不过通常我们都把JavaScript代码放到<head>中，如图3-5-2-2所示。

图3-5-2-2 代码直接嵌入网页中

由<script>...</script>包含的代码就是JavaScript代码，它将直接被浏览器执行。

(2) 引入js文件：把JavaScript代码放到一个单独的.js文件，然后在HTML中通过<script src="..."></script>引入这个文件，如图3-5-2-3所示。

图3-5-2-3 引入js文件

这样，js/aa.js就会被浏览器执行。

把JavaScript代码放入一个单独的.js文件中更利于维护代码，并且多个页面可以各自引用同一份.js文件。也可以在同一个页面中引入多个.js文件，还可以在页面中多次编写<script>*js代码...*</script>，浏览器会按顺序依次执行。

【考核任务】

成果：

修改各网页中banner位置的图片，为其添加轮播特效。

考核要点：

轮播效果是否正确显示。

图片显示是否正常。

【任务小结】

本任务主要练习轮播特效的实现。

【拓展训练】

完成团队网站banner图的轮播特效。

任务3-5-3 为"图片览胜"页面添加图片放大特效

【任务引入】

使用CSS样式完成整幅图片放大特效。

【学习任务】

描述：实现整幅图片的放大效果，如图3-5-3-1所示。

图3-5-3-1 图片放大效果

操作步骤：

(1) 在3-5文件夹下新建一个子文件夹，命名为3-5-3，将3-4-2文件夹下的3-4-2-2.html文件和images文件夹复制到3-5-3文件夹下，修改文件名为3-5-3-1.html。

(2) 打开Brackets软件。执行New | Open Folder，在打开的对话框中选择"D盘"|3-5|3-5-3。

(3) 在打开的3-5-3站点下，打开3-5-3-1.html文件，增加相关代码，如图3-5-3-2所示。

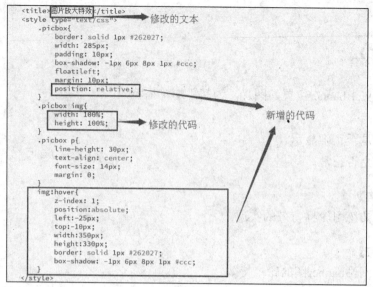

图3-5-3-2　增加新代码

【相关知识】

　　展示整幅图片是电商网站上常用的特效，由于网页大小有限，许多图片要在网页上展示供客户选择，最好的办法就是把图片缩小，用最小的空间存放最多的图片。但是图片一旦缩小，又给客户的浏览带来不便，因此为了方便客户，让客户浏览到清晰的图片，就需要将整幅图片放大。

　　整幅图片放大特效的原理：通过:hover伪类，结合使用position的relative和absolute，改变图片的定位，并进行宽和高的设置(position的应用在任务3-4-3中有详细讲解)。

【考核任务】

　　成果：添加"图片览胜"页面图片放大特效。

　　考核要点：放大特效的正确实现。

【任务小结】

　　本任务使用position的定位原理实现了整幅图片的放大特效。

【拓展训练】

　　放大需要的图片。

任务3-5-4　为旅游路线详情页面添加图片无缝滚动特效

【任务引入】

　　JavaScript是一门基于事件触发的脚本语言，在设计网页特效时可将事件、CSS和

JavaScript有机结合起来，制作出精美、灵活、充满动感的网页特效。本任务完成图片的无缝滚动特效。

【学习任务】

描述：实现图片的无缝滚动，速度可自定义，鼠标悬停时停止，如图3-5-4-1所示。

图3-5-4-1 图片的无缝滚动

操作步骤：

(1) 在3-5文件夹下新建一个子文件夹，命名为3-5-4，将3-4-5文件夹下的3-4-5-1.html文件和images文件夹复制到3-5-4文件夹下，修改文件名为3-5-4-1.html。

(2) 打开Brackets软件。执行New | Open Folder，在打开的对话框中选择"D盘"|3-5|3-5-4。

(3) 在打开的3-5-4站点下，打开3-5-4-1.html文件，在已有代码基础上进行修改，<body>内的代码如图3-5-4-2所示。

```
<body>
    <div id="demo">
        <div id="indemo">
            <div id="demo1">
                <a href="#"><img src="images/1.jpg"></a>
                <a href="#"><img src="images/2.jpg"></a>
                <a href="#"><img src="images/3.jpg"></a>
                <a href="#"><img src="images/4.jpg"></a>
            </div>
            <div id="demo2"></div>
        </div>
    </div>
</body>
```

图3-5-4-2 <body>内的代码

(4) CSS代码如图3-5-4-3所示。

(5) 在</body>标签前写入JavaScript代码，如图3-5-4-4所示。

(6) 运行结果如图3-5-4-1所示。

```
<style type="text/css">
    img{
        width: 300px;
        height: 240px;
        border-radius: 50px;
    }
    #demo {
        background: #FFF;
        overflow:hidden;
        border: 1px dashed #CCC;
        width: 1000px;
        }
    #indemo {
        float: left;
        width: 800%;
    }
    #demo1 {
    float: left;
    }
    #demo2 {
    margin-left: 5px;
    float: left;
    }
</style>
```

图3-5-4-3　CSS代码

```
<script>
    <!--
        var speed=10;
        /*speed的数值越大，图片滚动的速度越慢*/
        var tab=document.getElementById("demo");
        var tab1=document.getElementById("demo1");
        var tab2=document.getElementById("demo2");
        tab2.innerHTML=tab1.innerHTML;
        function Marquee(){
        if(tab2.offsetWidth-tab.scrollLeft<=0)
        tab.scrollLeft-=tab1.offsetWidth
        else{
        tab.scrollLeft++;
        } |
        }
        var MyMar=setInterval(Marquee,speed);
        tab.onmouseover=function() {clearInterval(MyMar)};
        tab.onmouseout=function() {MyMar=setInterval(Marquee,speed)};
    -->
</script>
```

图3-5-4-4　JavaScript代码

【相关知识】

1. JavaScript 基本知识

(1) JavaScript的语法和Java语言类似，每个语句以;结束，语句块使用{...}。例如，var x = 1; 就是一个完整的赋值语句。

(2) 注释

以//开头直到行末的字符被视为行注释，注释是供开发人员查看的，JavaScript引擎会自动忽略。

```
alert('hello'); // 这也是注释
另一种块注释是用/*...*/把多行字符包裹起来，把"块"视为一个注释。
/*
从这里开始是块注释
仍然是注释
仍然是注释
注释结束
*/
```

(3) 大小写

JavaScript严格区分大小写，如果弄错了大小写，程序将报错，或者运行不正常。

2. 变量

变量名是大小写英文、数字、$和_的组合，且不能用数字开头。变量名也不能是JavaScript关键字，如if、while等。用var语句声明一个变量，比如：

```
var a;                  // 声明了变量a，此时a的值为undefined
var $b = 1;             // 声明了变量$b，同时给$b赋值，此时$b的值为1
var s_007 = '007';      // s_007是一个字符串
var Answer = true;      // Answer是一个布尔值true
var t = null;           // t的值是null
```

3. 函数定义和调用

在JavaScript中，定义函数的方式如下：

```
function abs(x) {
    if (x >= 0) {
        return x;
    } else {
        return -x;
    }
}
```

abs()函数的定义如下：

- function指出这是一个函数定义；
- abs是函数名；
- (x)括号内列出函数的参数，多个参数以,分隔；
- { ... }之间的代码是函数体，可以包含若干语句，甚至可以没有任何语句。

注意，函数体内部的语句在执行时，一旦执行到return，函数就执行完毕，并将结果返回。因此，函数内部通过条件判断和循环可以实现非常复杂的逻辑。

4. 条件判断

JavaScript使用if () { ... } else { ... }进行条件判断。例如，要根据年龄显示不同内容，可以用if语句来实现，如下：

```
var age = 20;
if (age >= 18) { // 如果age >= 18，则执行if语句块
    alert('adult');
} else { // 否则执行else语句块
    alert('teenager');
}
```

其中else语句是可选的。如果语句块只包含一条语句，那么可以省略{}。

5. 操作 DOM

HTML文档被浏览器解析后就是一棵DOM树；要改变HTML的结构，就需要通过JavaScript来操作DOM。操作一个DOM节点实际上就是这样几个操作：

- **更新**：更新该DOM节点的内容，相当于更新了该DOM节点表示的HTML的内容；
- **遍历**：遍历该DOM节点下的子节点，以便执行进一步操作；
- **添加**：在该DOM节点下新增一个子节点，相当于动态增加了一个HTML节点；
- **删除**：将该节点从HTML中删除，相当于删掉了该DOM节点的内容以及它包含的所有子节点。

在操作一个DOM节点前，我们需要通过各种方式先找到这个DOM节点。最常用的方法是document.getElementById()和document.getElementsByTagName()，以及CSS选择器document.getElementsByClassName()。

由于ID在HTML文档中是唯一的，所以document.getElementById()可以直接定位唯一的一个DOM节点。document.getElementsByTagName()和document.getElementsByClassName()总是返回一组DOM节点。要精确地选择DOM，可以先定位父节点，再从父节点开始选择，以缩小范围。

例如：

```
// 返回ID为'test'的节点:
var test = document.getElementById('test');
// 先定位ID为'test-table'的节点，再返回其内部的所有tr节点:
var trs = document.getElementById('test-table').getElementsByTagName('tr');
// 先定位ID为'test-div'的节点，再返回其内部所有class包含red的节点:
var reds = document.getElementById('test-div').getElementsByClassName('red');
// 获取节点test下的所有直属子节点:
var cs = test.children;
// 获取节点test下第一个、最后一个子节点:
var first = test.firstElementChild;
var last = test.lastElementChild;
```

【考核任务】

成果：实现旅游线路详情页图片的无缝滚动特效，如图3-5-4-5所示。

图3-5-4-5　滚动图片效果

考核要点：JavaScript的正确使用。

【任务小结】

本任务主要练习图片的无缝滚动特效的实现,通过实现特效,来帮助你了解JavaScript的基本知识。

【拓展训练】

制作网站需要的无缝滚动特效。

任务3-5-5 为表单添加验证功能

【任务引入】

在动态网站开发时,常遇到要求数据表中所有字段均不为空的情况,本任务完成表单元素输入为空时的验证功能。

【学习任务】

描述:检查留言表单中的表单元素是否为空。

技术要点:在JavaScript中通过迭代form对象的elements属性来实现。form对象的elements属性也就是页面中form表单的所有元素的数组,例如,form.elements[0]表示表单的第一个元素对象,form.elements[n]表示表单的第n个元素对象。

操作步骤:

(1) 在3-5文件夹下新建一个子文件夹,命名为3-5-5。

(2) 打开Brackets软件。执行New | Open Folder,在打开的对话框中选择"D盘"|3-5|3-5-5。

(3) 在打开的3-5-5站点下,执行File | New,在新建的文件上右击,选择Save保存该文件,命名为3-5-5-1.html。

(4) 在右侧代码编辑区中写入HTML代码,如图3-5-5-1所示(代码说明:在JavaScript中,form表单对象的elements属性的value属性表示指定元素的值;name属性表示指定表单元素的名称;title属性表示表单元素的标题)。

```html
1   <!DOCTYPE html>
2   <html>
3       <head>
4           <title>检查留言表单是否为空</title>
5           <script langeuage="javascript">
6               function check(){
7                   var myform = document.getElementById("myform"); //获得form表单对象
8                   for(var i=0;i<myform.length;i++){ //循环form表单
9                       if(myform.elements[i].value==""){ //判断每一个元素是否为空
10                          alert(myform.elements[i].title+"不能为空!");
11                          myform.elements[i].focus(); //元素获得焦点
12                          return ;
13                      }
14                  }
15                  myform.submit();
16              }
17          </script>
18      </head>
19      <body>
20          <form action="" id="myform">
21              <div>留言人:<input type="text" name="messageUser" title="留言人"> </div>
22              <div>留言标题:<input type="text" name="messageTitle" title="留言标题"> </div>
23              <div>留言内容:<textarea rows="8" cols="45" title="留言内容"></textarea></div>
24              <div><input type="button" value="提 交" onclick="check()"></div>
25          </form>
26      </body>
27  </html>
```

图3-5-5-1　3-5-5-1.html页面代码

(5) 运行结果如图3-5-5-2所示。

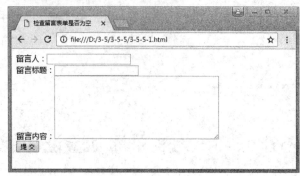

图3-5-5-2　3-5-5-1.html运行结果

(6) 单击页面上的"提交"按钮，打开如图3-5-5-3所示的对话框。

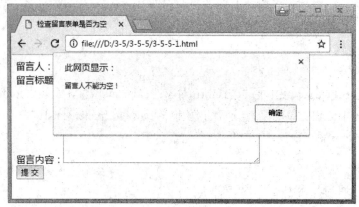

图3-5-5-3　留言人为空的运行结果

(7) 在"留言人"后的文本框中输入内容，再次单击"提交"按钮，打开如图3-5-5-4所示的对话框。

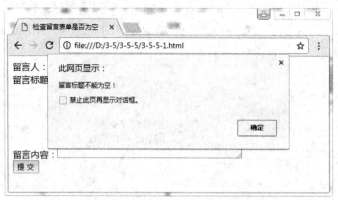

图3-5-5-4　留言标题为空的运行结果

(8) 在"留言标题"后的文本框中输入内容，再次单击"提交"按钮，打开如图3-5-5-5所示的对话框。

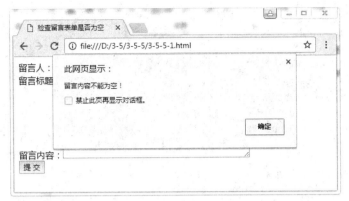

图3-5-5-5　留言内容为空的运行结果

(9) 在留言内容后的文本框中输入内容，再次单击"提交"按钮，页面不再打开错误提示对话框。

【相关知识】

1. JavaScript 对话框的使用

常见的对话框有三种：警告框、确认框和提示框。

警告框：使用window对象的alert()方法生成，用于将浏览器或文档的警告信息传递给客户，确认框上只有一个"确定"按钮，示例：

```
<html>
<head>
<script language="javascript">
alert("欢迎你光临本站！");
</script>
</head>
</html>
```

运行结果如图3-5-5-6所示。

图3-5-5-6　alert运行结果

确认框：使用window对象的confirm()方法生成，用于将浏览器或文档的警告信息传递给客户，confirm()方法与alert()方法的用法十分类似，不同之处在于该对话框除包含一个"确定"按钮外，还有一个"取消"按钮，在调用window对象的confirm()方法以及后面介绍的prompt()方法时也可以不写window。示例：

```
<html>
<head>
```

```
<title>confirm</title>
<script language="javascript">
var con;
con=confirm("你要离开本站吗?");
if(con==true)alert("确认离开!");
else alert("不，再等一会儿!");
</script>
</head>
</html>
```

运行结果如图3-5-5-7所示。

图3-5-5-7 confirm运行结果

单击"确定"按钮，弹出图3-5-5-8所示的对话框。

图3-5-5-8 单击"确定"按钮运行结果

单击"取消"按钮，弹出图3-5-5-9所示的对话框。

图3-5-5-9 单击"取消"按钮运行结果

提示框：使用window对象的prompt()方法生成，用于收集客户关于特定问题的反馈信息。alert()方法和confirm()方法的使用十分类似，都是仅显示已有的信息，用户不能输入自己的信息。但prompt()可以做到这点，它不但可以显示信息，而且提供了一个文本框要求用户用键盘输入信息，同时还包含"确认"或"取消"两个按钮，如果用户单击"确认"按钮，则prompt()方法返回用户在文本框中输入的内容(字符串类型)或初始值(如果用户没有输入信息)；如果用户单击"取消"按钮，则prompt()方法返回null，在这三种对话框中，它的交互性最好。示例：

```
<html>
<head>
<title>prompt</title>
```

```
<script language="javascript">
var name,age;
name=prompt("请问你叫什么名字?");
alert(name);
age=prompt("你今年多大了?","请在这里输入年龄");
alert(age)
</script>
</head>
</html>
```

运行结果如图3-5-5-10所示。

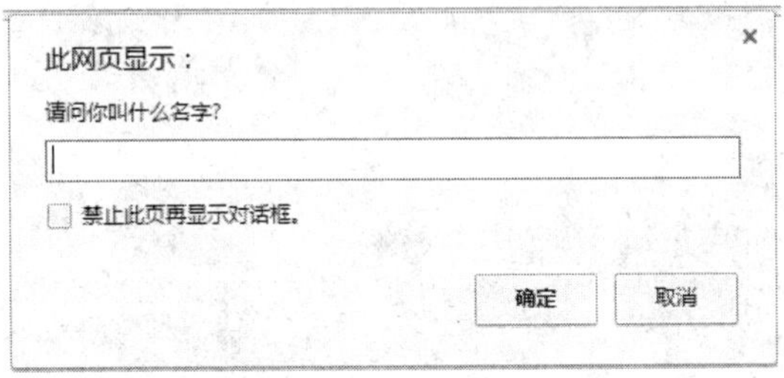

图3-5-5-10　confirm运行结果

在输入框中输入little，单击"确定"按钮，弹出如图3-5-5-11所示的对话框。

图3-5-5-11　输入内容little的运行结果

单击"确定"按钮，弹出如图3-5-5-12所示的对话框。

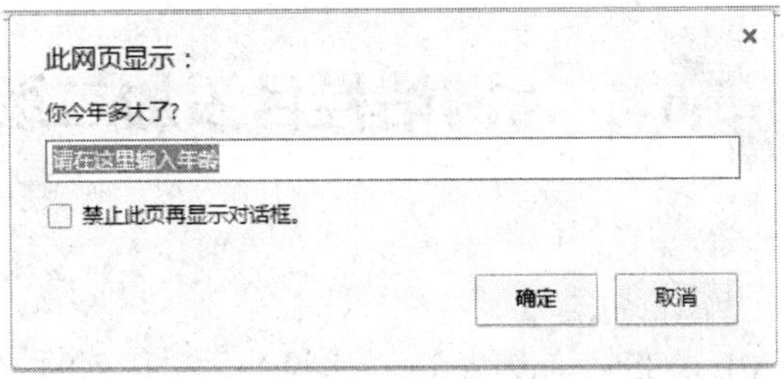

图3-5-5-12　单击"确定"按钮的运行结果

在输入框中输入20，单击"确定"按钮，弹出如图3-5-5-13所示的对话框。

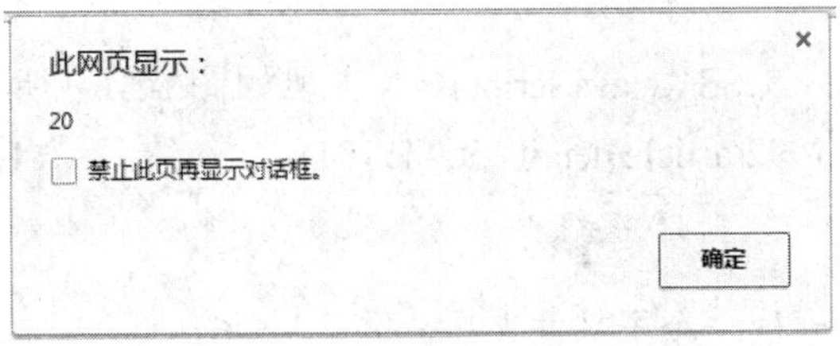

图3-5-5-13　输入内容20的运行结果

2. JavaScript 循环

如果需要一遍又一遍地运行相同的代码，并且每次的值都不同，那么使用循环是很方便的。JavaScript循环包括for循环和while循环。这里重点介绍for循环，while循环的用法大家可自行上网查阅。

for循环语法：

```
for (语句 1; 语句 2; 语句 3)
    {
    被执行的代码块
    }
```

实例：

```
for (var i=0; i<5; i++)
    {
    x=x + "The number is " + i + "<br>";
    }
```

【考核任务】

成果：实现各页面底部表单为空的验证。

考核要点：正确实现表单元素的验证。

【任务小结】

本任务主要学习表单的验证功能，同时介绍了JavaScript对话框和for循环的用法。

【拓展训练】

完成网站中需要验证表单元素的页面。

任务3-5-6　　为网站栏目添加二级菜单

【任务引入】

本任务综合运用HTML、CSS、JavaScript技术设计水平排列的一级菜单、垂直方向的下拉二级菜单，使用鼠标移入或移出事件控制二级菜单的显示或隐藏。

【学习任务】

描述：使用HTML、CSS、JavaScript技术实现如图3-5-6-1所示的效果(本案例摘自http://blog.csdn.net/erlian1992/article/details/50441191)。

操作步骤：

(1) 在3-5文件夹下新建一个子文件夹，命名为3-5-6。

(2) 打开Brackets软件。执行New | Open Folder，在打开的对话框中选择"D盘"|3-5|3-5-6。

图3-5-6-1 二级下拉菜单效果

（3）在打开的3-5-6站点下，执行File|New，在新建的文件上右击，选择Save保存该文件，命名为3-5-6-1.html。

（4）在右侧代码编辑区中写入HTML代码，如图3-5-6-2所示。

```html
<!DOCTYPE html>
<html>
<head>
<meta charset="utf-8" />
<title>下拉菜单</title>
<!--引入的外部CSS样式文件-->
<link rel="stylesheet" type="text/css" href="style.css" />
<!--引入的外部JS脚本文件-->
<script type="text/javascript" src="script.js"></script>
</head>

<body>
<div id="nav" class="nav">
    <ul>
        <li><a href="#">网站首页</a></li>
        <li onmouseover="showsub(this)" onmouseout="hidesub(this)"><a href="#">课程大厅</a>
            <ul>
                <li><a href="#">JavaScript</a></li>
                <li><a href="#">jQuery</a></li>
                <li><a href="#">Ajax</a></li>
            </ul>
        </li>
        <li onmouseover="showsub(this)" onmouseout="hidesub(this)"><a href="#">学习中心</a>
            <ul>
                <li><a href="#">视频学习</a></li>
                <li><a href="#">案例学习</a></li>
                <li><a href="#">交流平台</a></li>
            </ul>
        </li>
        <li><a href="#">经典案例</a></li>
        <li><a href="#">关于我们</a></li>
    </ul>
</div>
</body>
</html>
```

图3-5-6-2 3-5-6-1.html页面代码

(5) 外部CSS样式表style.css文件的代码如图3-5-6-3所示。

```css
*{
    margin:0;
    padding:0;
}
.nav{
    background-color:#EEEEEE;
    height:40px;
    width:450px;
    margin:0 auto;
}
ul{
    list-style:none;
}
ul li{
    float:left;
    line-height:40px;
    text-align:center;
}
a{
    text-decoration:none;
    color:#000000;
    display:block;
    width:90px;
    height:40px;
}
a:hover{
    background-color:#666666;
    color:#FFFFFF;
}
ul li ul li{
    float:none;
    background-color:#EEEEEE;
}
ul li ul{
    display:none;
}
/*为兼容IE7设置的CSS样式，必须写在a:hover之前*/
ul li ul li a:link,ul li ul li a:visited{
    background-color:#EEEEEE;
}
ul li ul li a:hover{
    background-color:#009933;
}
```

图3-5-6-3　style.css文件代码

(6) 外部JS脚本script.js文件的代码如图3-5-6-4所示。

```
function showsub(li){
    var submenu=li.getElementsByTagName("ul")[0];
    submenu.style.display="block";
}
function hidesub(li){
    var submenu=li.getElementsByTagName("ul")[0];
    submenu.style.display="none";
}
```

图3-5-6-4　script.js文件代码

【相关知识】

本次任务的实现主要应用以下三方面的知识。

1. JavaScript事件

http://www.w3school.com.cn/jsref/jsref_events.asp中列举了JavaScript的事件，本任务涉及的事件为鼠标经过事件onmouseover和鼠标离开事件onmouseout。

2. JavaScript函数

函数为程序设计人员提供了方便，在进行复杂的程序设计时，通常根据要完成的功能，将程序划分为一些相对独立的部分，每部分编写一个函数，从而使各部分保持独立，任务单一，程序清晰。

函数的定义用function关键字来实现，格式如下：

```
function 函数名(形式参数列表){
函数体语句块
}
```

3. DOM

DOM是Document Object Model(文档对象模型)的缩写。根据W3C的定义，DOM是独立于平台和语言的接口，它允许程序和脚本动态地访问和更新文档的内容、结构和样式。

DOM访问：

访问HTML元素方法：

(1) getElementById()方法

getElementById()方法返回带有指定ID的元素：

语法

```
node.getElementById("id");
```

下例获取 id="intro" 的元素：

实例

```
document.getElementById("intro");
```

(2) getElementsByTagName()方法

getElementsByTagName()方法返回带有指定标签名的所有元素。

语法

```
node.getElementsByTagName("tagname");
```

下例返回包含文档中所有<p>元素的列表：

实例

```
document.getElementsByTagName("p");
```

(3) getElementsByClassName()方法

如果你希望查找带有相同类名的所有HTML元素，可使用这个方法：

```
document.getElementsByClassName("intro");
```

上例返回包含 class="intro" 的所有元素的一个列表。

注意，getElementsByClassName()在Internet Explorer 5、6、7、8 中无效。

以上内容摘自http://www.w3school.com.cn，如果想了解更详细的DOM内容，可通过访问该网站内容来学习。

【考核任务】

成果：为网站各页面栏目导航中的"图片览胜"添加二级下拉菜单：瑞士、英国、意大利等。

考核要点：正确实现二级下拉菜单的制作。

【任务小结】

本任务主要完成网站栏目二级下拉菜单的制作。

【拓展训练】

为团队网站添加二级下拉菜单。

项目总结

本项目介绍HTML、CSS、JavaScript综合应用在实现特效方面的作用。

知识拓展

jQuery

jQuery是一个快速、简洁的JavaScript框架，是继Prototype之后又一个优秀的JavaScript代码库(或JavaScript框架)。jQuery设计的宗旨是"Write Less，Do More"，即倡导写更少的代码，做更多的事情。它封装JavaScript常用的功能代码，提供一种简便的JavaScript设计模式，优化HTML文档操作、事件处理、动画设计和Ajax交互。

jQuery的核心特性可以总结为：具有独特的链式语法和短小清晰的多功能接口；具有高效灵活的CSS选择器，并且可对CSS选择器进行扩展；拥有便捷的插件扩展机制和丰富的插件。jQuery兼容各种主流浏览器，如IE 6.0+、FF 1.5+、Safari 2.0+、Opera 9.0+等。

jQuery是一个JavaScript库。jQuery极大地简化了JavaScript编程。

jQuery 库的特性

jQuery是一个JavaScript函数库。jQuery库包含以下特性：

- HTML元素选取
- HTML元素操作
- CSS操作
- HTML事件函数
- JavaScript特效和动画
- HTML DOM遍历和修改
- AJAX

学习站点：http://www.w3school.com.cn/jquery/jquery_intro.asp。

项目3-6 网站发布

【情境描述】

经过一段时间的制作，网站全部页面和特效均制作完成，"爱上路旅游公司"网站的工作接近尾声，即将发布到互联网上。

【教学目标】

能力目标

- 能够测试网页兼容性；
- 能够发布网站。

知识目标

- 了解域名、空间的概念。

素质目标

- 工作严谨，能备份文件，能保存密码及域名注册信息。

【教学实施】

任务3-6-1 测试网站

【任务引入】

本任务在网站发布前完成兼容性及各页面链接正确性等方面的测试。

【学习任务】

描述：使用IETester工具测试网页兼容性(很多前端开发人员喜欢将IETester用于网站兼容性测试)。

操作步骤：

(1) 打开浏览器，在百度搜索栏输入IETester，第一个搜索结果见图3-6-1-1，点击"高速下载"或"普通下载"，软件下载完毕后安装。

图3-6-1-1　下载软件

(2) 点击IETester快捷方式，打开软件可以看到如图3-6-1-2所示的界面。在中间那一排新建IE按钮中，选择"新建IE8"。

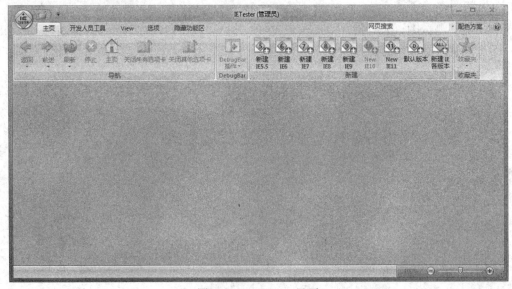

图3-6-1-2　IETester界面

(3) 打开一个新页面，在上面可以看到一个数字8，代表打开了IE8版本。我们输入要测试的网站，如图3-6-1-3所示，打开网站，就可以看到网站是否变形、是否移位等兼容性问题。

图3-6-1-3 打开网页查看运行结果

(4) 点击"新建IE各版本",会出现一个输入地址的界面,如图3-6-1-4所示。输入测试网址,单击"确定"按钮,就可以看到各个版本的网站显示效果,如图3-6-1-5所示。

图3-6-1-4 输入网址

图3-6-1-5 各版本的结果

(5) 根据结果进行代码的完善。

(6) 点击 "VIEW" 按钮，可以看到两个按钮，第一个用于向四周扩充，第二个用于隐藏上面的菜单栏，向上扩充。

(7) 点击 "开发人员工具"，可以看到禁用缓存、字体大小等选项。

【相关知识】

网站兼容性测试

网站兼容性测试主要检验网站能否在不同的客户浏览器中正常浏览。进行兼容性测试时可参考以下几点：

(1) 使用多种Web浏览器测试网页，最典型的是Internet Explore，其他浏览器还有Opera、Firefox和Chrome等。

(2) 尽量不要使用最新版本的浏览器进行网页测试，最好使用大众常用的浏览器版本。

(3) 尽量在多种操作系统中测试网页。由于操作系统的不同，网页在其中的表现也不一样，这一点在Linux和Windows之间尤其突出。

兼容性测试的具体内容包括：字体大小、表格的间距、表单的外观、层的效果是否正常等。在制作网页时要照顾到大多数浏览器的效果，并使页面在众多浏览器中尽量保持一致。

常用的兼容性测试工具有IE Tester等，也有一些在线的测试工具如Spoon Browser Sandbox、BrowserShots、IE NetRenderer。在线测试工具针对已经发布到互联网上的网站，具体可参考网站http://www.daqianduan.com/3696.html。

【考核任务】

成果：网站在各浏览器上能正常显示，并且链接正确。

考核要点：

(1) 网站链接正确，不存在错链接和空链接。

(2) 网站在各主流浏览器Chrome、Firefox、IE上的显示效果一致。

【任务小结】

主要学习网站兼容性测试方法并做相应修改。

【拓展训练】

完成团队网站的测试工作。

任务3-6-2　发布网站

【任务引入】

网站制作完毕后，需要将站点发布到Web服务器上，才能供别人浏览。该任务介绍网站发布的主要工作：域名及主页空间的申请、站点的发布、网站的备案和站点的推广等，并实现网站的发布。

【学习任务】

描述：将网页文件上传到已经注册的主页空间中。

操作步骤：

(1) 安装LeapFTP软件(可自行从百度网站搜索下载，或从素材中下载)。

(2) 打开LeapFTP软件，如图3-6-2-1所示。

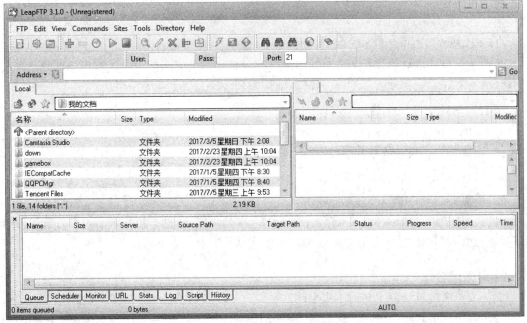

图3-6-2-1 LeapFTP软件界面

(3) 在LeapFTP软件界面的Address(地址)处输入IP地址或域名，如jinrong.host5.lnasp.com，取消选中Anonymous(匿名登录)，输入User(用户名)、Password(密码)(ftp账号密码由注册商提供，演示案例使用的是沈阳蓝德科技有限公司提供的三级域名及账户信息)。Port(端口)为默认的21。

(4) 如果设置正确，点击Go按钮就可以成功连接虚拟主机了。

(5) 连接后的界面大致可以分为左右两大部分和下面部分。左侧区域是本地磁盘，可以访问本地目录文件。右侧是远程服务器，可以和管理本地文件一样管理远程文件。右击可以新建目录，双击可以进入目录。下方区域显示文件传送进度。

(6) 选中本地磁盘文件，拖到右侧远程服务器窗口，即可实现文件上传。

【相关知识】

1. 申请主页空间

网站制作完成后，需要发布到Web服务器上，Web服务器即是互联网上的主页空间。通常获得主页空间的方式有两种，即免费空间和收费空间。

免费空间一般在访问速度、空间大小、服务内容上都有一定的限制，稳定性也很难保证，适用于个人网站。

收费空间即租用的虚拟主机，由网站托管机构提供，该类空间访问速度较快，空间大小及支持条件可供用户根据需要进行选择。公司企事业网站、行业网站或需求较稳定的运行环境的网站适于选择收费的主页空间。

(1) 申请免费主页空间。

网上可申请免费主页空间的网站不多，而且使用时间不长，还会植入广告等信息，不建议使用。

(2) 申请收费主页空间。

收费主页空间的获得途径很广泛，可通过网站使用网上支付的方式注册收费空间，可通过网站的联系电话联系购买，可以通过当地的网络公司联系购买等。

下面列举几个提供收费主页空间的网站。

- 新网：http://www.xinnet.com/index.html
- 中国万网：http://www.net.cn/static/hosting/
- 时代互联：http://www.now.cn/
- 蓝德科技：http://www.lnasp.com

提供收费主页空间的网站有很多，在网上申请时，最好先通过电话联系，再付费。而且不同的网站，其申请的费用也会有差别，可以多比较，之后再购买。

2. 申请域名

要让浏览者能够访问上传到主页空间的网页，必须要有域名(即网址)。域名由顶级域名、二级域名、次级域名和服务器名称构成，中间用点号隔开，一般在一个域名中最右边的词为顶级域名。

常见的顶级域名及应用范围如下：

- .com 用于商业性的机构或公司。
- .edu 用于大学或教育机构。
- .net 用于从事与网络相关的网络服务机构或公司。
- .org 用于非营利性组织或团体。
- .gov 主要用于政府部门。
- .mil 用于军事部门。
- .cn 代表中国，还有很多类似的指代国家的域名。
- .biz 用于商业性机构或公司的域名。
- .info 用于提供信息服务的公司。
- .cc 用于商业公司。

域名由相应的域名管理机构管理，具有全球唯一性。申请并使用一个域名必须定期向域名管理机构支付相应费用。

通常在申请免费空间时，提供免费空间的机构会同时提供一个免费的域名。但由于这种免费的域名一般是三级域名或带免费域名机构相应信息的一个链接目录，其服务没有保证，随时可能被删除或停止。如果是个人网站，可以临时使用这种免费的空间和域名；如果是专业性网站、大中型公司网站或有大量访问客户的网站，则需申请专用的域名。

申请专用域名时，需先确认域名未被注册才能申请注册，并向域名注册机构支付相应域名注册使用费，通常可以向代理机构申请域名空间及域名注册。与主页空间一样，很多网站提供域名申请服务。例如，中国万网(网址：http://www.net.cn)网站上可查询要申请的域名是否已被注册。登录中国万网，在页面右侧"域名查询"栏中输入要查询的域名后，点击"查域名"按钮即可查询。

3. 站点的发布

申请了网站空间和域名，并对站点测试完毕后，接下来就可以将站点中的网页文档上传到自己的网站空间上，供浏览器浏览。这个过程就是站点的发布。站点的发布通常使用FTP软件，如CuteFTP、LeapFTP、FlashFXP等。

4. 网站备案

从2005年3月开始，信息产业部在全国范围内开展互联网站备案登记工作，凡具有独立域名的网站都应该进行备案登记，逾期未备案的网站，将由各地通信主管部门根据有关规定予以关闭。

网站备案工作完全免费。用户可向为网站提供接入服务的IDC、ISP或虚拟主机服务提供商咨询办理，或者登录信息产业部备案网站http://www.miitbeian.gov.cn自行办理。

5. 网站推广

网站上传到服务器后，每隔一段时间就应对站点中的某些网页进行更新，保持网站内容的新鲜感以吸引更多浏览者。然后，要提升网站访问量和知名度，就需要通过各种有效的手段对网站进行推广，这是网站做好后必须完成的一项重要工作。

网站推广方法有很多，如搜索引擎、利用友情链接、借助网络广告、邮件推广、BBS宣传、登录网址导航、传统宣传方式、网络活动宣传、病毒式营销等。其中，登录网址导航、友情链接、搜索引擎都是很好的办法。

- **登录网址导航**：对于一个流量不大、知名度不高的网站来说，进行登录网址导航是最有效的方法，常见的导航网站有http://www.hao123.com和http://www.2345.com等等。
- **友情链接**：该方法可以给一个网站带来稳定的访问量，同时也有助于将网站在百度等搜索引擎中的排名提前。
- **登录搜索引擎**：搜索引擎给网站带来的流量将越来越大，登录搜索引擎可以使用专门的登录软件(如登录奇兵等)。也可以使用手工方式登录。

【考核任务】

成果：网站发布到互联网上。

考核要点：发布的网站能正常被访问。

说明：如果有条件，可以自行建立Web服务器，或者购买空间和域名来完成任务。

【任务小结】

学习网站的发布方法，了解域名、空间等概念。

【拓展训练】

完成团队网站的发布。

项目总结

该项目通过两个任务，介绍网站的测试和发布的相关知识。

知识拓展

如何发布一个网站

要 了 解 完 整 的 网 站 发 布 步 骤 ， 请 参 考 http://jingyan.baidu.com/article/d713063514091013fdf47591.html。

项目4 考核项目

【情境描述】

经过实践项目的制作，唐君对网站的完整流程已经很熟悉。经理安排她在三周时间内带领团队完成一个综合网站的制作。

【教学目标】

能力目标
- 小组成员分工合作，完成综合网站的制作。

知识目标
- 综合应用HTML元素和CSS样式来添加布局和内容。

素质目标
- 团队协作；
- 审美感。

【教学实施】

项目描述：

(1) 制作一个电子商务网站，网站主营项目可以是蛋糕、鲜花、服装等，可自行选定。

(2) 可参考的网站：

爱尚鲜花网：http://www.iishang.com/

VCAKE官网：http://www.vcake.cn/

VOGUE时尚网：http://www.vogue.com.cn/

(3) 网站栏目不少于5个。

(4) 网站链接正确，页面清晰，简洁。

(5) 最后上交规划书，设计图、网页文件。

(6) 网站制作期限：3周。

实施步骤：

(1) 制作小组分工计划表，表的格式参照表4-1所示。

表4-1 小组分工计划表

小组分工计划表	
组　　长	任务描述
合作人员	任务描述

(2) 编写网站规划书。

(3) 设计网站各页面效果图。

(4) 制作网站各页面。

(5) 完善、测试、上交。

附录A CSS规范化命名

规范的命名也是Web标准中的重要一项，标准的命名使人更容易看懂代码。很多人都有过这种经历，翻出自己过去写的代码居然看不懂了，为避免这种情况，我们就要规范化命名。再说，现在一个项目不是一个人就可以完成的，需要大家相互合作，如果没有规范化命名，别人就无法快速看懂你的代码，从而降低了工作效率，所以必须规范化命名！

关于CSS命名法，和其他程序命名差不多，也有三种：骆驼命名法、帕斯卡命名法、匈牙利命名法。

骆驼命名法

说到骆驼，大家肯定会想到它那明显的特征，背部有多处隆起，一高一低的，我们的命名也要这样一高一低大写的英文就相当于骆驼背部的凸起，小写的就是凹下去的地方，但这也是有规则的，就是第一个字母要小写，后面的词的第一个字母就要大写，如下：

```
#headerBlock
.navMenuRedButton
```

帕斯卡命名法

这种命名法同样是由大小写字母混编而成的，和骆驼命名法很像，只有一点区别，就是首字母要大写，如下：

```
#HeaderBlock
.NavMenuRedButton
```

匈牙利命名法

匈牙利命名法，是需要在名称前面加上一个或多个小写字母作为前缀，来让名称更好认，更容易理解，比如：

```
#head_navigation
.red_navMenuButton
```

以上三种，前两种(骆驼命名法、帕斯卡命名法)在命名CSS选择器的时候比较常用，当然这三种命名法可以混合使用，只需要遵守一个原则就可以，就是"容易理解，容易识别，方便协同工作"，没必要完全拘泥于任意一种命名法。

附录B　页面布局模块的常用规范命名

头：header

内容：content/container

尾：footer

导航：nav

侧栏：sidebar

栏目：column

页面外围控制整体布局宽度：wrapper

左右中：left right center

登录条：loginbar

标志：logo

广告：banner

页面主体：main

热点：hot

新闻：news

下载：download

子导航：subnav

菜单：menu

子菜单：submenu

搜索：search

友情链接：friendlink

页脚：footer

版权：copyright

滚动：scroll

内容：content

附录C 颜 色 取 值

在网页中有字体颜色(color)、背景颜色(background-color)、边框颜色(border)等，设置颜色的方法也有很多种。

1. 英文命名颜色

如：p{color:**red**;}

W3C的HTML 4.0标准仅支持16中颜色，它们是：aqua、black、blue、fuchsia、gray、green、lime、maroon、navy、olive、purple、red、silver、teal、white、yellow。

2. RGB颜色

这个与Photoshop中的RGB颜色是一致的，由R(red)、G(green)、B(blue)三种颜色的比例来配色。

如：p{color:**rgb(133,45,200)**;}

每一项的值可以是0~255 之间的整数，也可以是0%~100%的百分数。如：

p{color:rgb(20%,33%,25%);}

3. 十六进制颜色

这是现在普遍使用的方法，原理其实也是RGB设置，但其每一项的值由0~255变成了十六进制00~ff。

如：p{color:**#00ffff**;}

配色表见封三。

附录D 长度取值

长度单位有相对单位和绝对单位，目前比较常用的有px(像素)、em和%(百分比)，但这三种单位都是相对单位。

1. 像素

像素为什么是相对单位呢？因为像素指的是显示器上的小点(CSS规范中假设"90像素=1英寸")。目前大多数设计者都倾向于使用像素(px)作为单位。

2. em

就是本元素给定字体的font-size值，如果元素的font-size为14px，那么1em = 14px。如下代码：

```
p{font-size:12px;text-indent:2em;}
```

上面代码将段落首行缩进24px(也就是两个字体大小的距离)。

下面注意一个特殊情况：

当给font-size设置单位em时，此时的计算标准以p的父元素的font-size为基础。如下代码所示：

```
<p style=" font-size:14px">以这个<span style=" font-size:0.8em">段落</span>为例。</p>
```

结果，span中"段落"的字体大小为11.2px(14 * 0.8 = 11.2px)。

3. 百分比

```
p{font-size:12px;line-height:130%}
```

设置行高(行间距)为字体的130%(12 * 1.3 = 15.6px)。

附录E　网页中文乱码问题的解决

网页中文乱码问题通常是编码问题，下面介绍中文乱码问题的解决方法。

1. 定义网页显示编码

如果未定义网页编码，那么我们浏览网页时，IE会自动识别网页编码，这可能导致中文显示乱码。所以我们开发网页的时候都会用"<meta charset="utf-8">"来定义网页编码。

方法：在<head>和</head>之间添加<meta charset="utf-8" />。

2. 网页存储编码

如果设置了<meta charset="utf-8" />，网页仍然出现乱码，则是由于编码不一致导致的。

方法：用记事本打开出现乱码的文件，执行"文件"|"另存为"，在"编码"下拉列表中选择UTF-8，如下图所示，然后单击"保存"按钮即可。

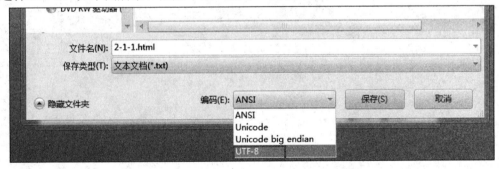

参　　考

http://www.w3school.com.cn/css3/css3_intro.asp.

http://www.runoob.com/css/css-intro.html.

http://www.splaybow.com/html.html.

《CSS+div网页设计与制作》。梁小芳主编，清华大学出版社。

《基于项目的Web网页设计技术》。苗彩霞，北京大学出版社。

《网页设计与制作》。张洪斌、刘万辉主编，高等教育出版社。

《HTML5权威指南》。

百度百科。